HUNDERT AUGEN

Oliver Lück

DER STRAND-SAMMLER

Illustrationen von Lena Steffinger

Rowohlt Hundert Augen

Originalausgabe
Veröffentlicht im Rowohlt Verlag, Hamburg, April 2021
Copyright © 2021 by Rowohlt Verlag GmbH, Hamburg
Covergestaltung any.way, Barbara Hanke / Cordula Schmidt
Coverabbildung Lena Steffinger
Satz aus der Quadraat bei Dörlemann Satz, Lemförde
Druck und Bindung CPI books GmbH, Leck, Germany
ISBN 978-3-498-00235-0

Die Rowohlt Verlage haben sich zu einer nachhaltigen Buchproduktion
verpflichtet. Gemeinsam mit unseren Partnern und Lieferanten setzen
wir uns für eine klimaneutrale Buchproduktion ein, die den Erwerb von
Klimazertifikaten zur Kompensation des CO_2-Ausstoßes einschließt.
www.klimaneutralerverlag.de

MIX
Papier aus verantwor-
tungsvollen Quellen
FSC® C083411

INHALT

ERSTE WORTE

Weit oben im Norden Deutschlands gibt es eine Art Geheimsprache, die jeder zu kennen meint, aber keiner, der nicht von dort ist, wirklich versteht. Da wäre zum Beispiel ein ganz simpel daherkommendes, einsilbiges Wort, das unter Einheimischen als vollständiger Satz gilt und meist dahingemurmelt wird: «Jo.» Was einfach klingt, ist eine wichtige Redensart, die sich universell einsetzen lässt und von «Ja» bis «Dieses Gespräch ist hiermit beendet, und ich möchte nie wieder über das Thema reden» alles bedeuten kann. Die richtige Verwendung des «Jo» braucht allerdings etwas Übung. Für Anfänger nur dies: Ein «Jo» als Antwort bedeutet, dass das Gesagte beim Gegenüber angekommen ist. Folgt dem «Jo» ein «Und selbst?», darf das Gespräch als noch laufend betrachtet werden. Fortgeschrittene antworten hier übrigens ihrerseits mit einem «Jo», begleitet von einem leichten, kaum merklichen Kopfnicken.

Und ja, es stimmt auch, bis heute glauben viele, dass weite Teile des nördlichsten Nordens einzig und allein bevölkert sind von eigenbrötlerischen und überwiegend humorbefreiten Menschen, die so gut schweigen können, dass es wie reden ist. Und wenn sie dann doch mal den Mund aufmachen, verständigen sich die kauzigen Küstenbewohner ausschließlich mit auffallend gemächlich gesprochenen Wörtern, die aus langgezogenen Vokalen und breitgetretenen Konsonanten zusammen-

gesetzt sind. So wie Kölner immer lustig sind, alle Schwaben geizig und es immer noch Besserwessis und Jammerossis geben soll, sind die Nordlichter allesamt mundfaule, unterkühlte und eher stillhumorige Krabbenschubser. Und dabei kennen wir Norddeutschen nicht nur ein Gefühl der schlechten Laune, sondern viele, da gibt es sehr feine Unterschiede: Das geht von gnaddelig über muffelig und knatschig bis hin zu mucksch.

Irgendwann ist das Norddeutsche dann auch irre populär geworden. Seither meint jeder, wie die Einheimischen schnacken und vor allem richtig betonen zu können. Das A in Richtung O gewunden, das E unendlich in die Längeeeeee gezogen. Das CK wird zu einem weichen G gemacht, das G am Ende eines Wortes zum CH, das Doppel-T hier und da zum D. Und auf einmal sprechen Menschen, die aus Stuttgart, Hannover oder Köln nach Hamburg, Kiel oder Rostock gezogen sind, extrem verlangsamt und beginnen Sätze mit «Ich sachmaa sooo ...». Und plötzlich wird auch seltsam überbetont, dass man ja nun auch schon länger im Norden lebt, wo alles so entspannt und «gooaaa koiin Prooobleeeem!» ist. Denn: «Watt mutt, datt mutt!» Oder natürlich und vor allem: «Nich lang schnaggn, Kopp in Naggn!» Na denn man tau.

Waren Sie schon mal im Norden? Vielleicht an der niedersächsischen Küste? Oder in Mecklenburg-Vorpommern im Klützer Winkel? Kennen Sie Schleswig-Holstein, das schmale Land der Horizonte, das wie eine Brücke zwischen der Mitte und dem Norden Europas liegt und wo man gleich zwei Meere zur Auswahl hat? Hier ist immer und überall Wasser, sagt man. Die Aussicht ist schiffig, und bis zum nächsten Strand ist es nicht weit. Hinzu kommt ein mächtiges Rauschen als Grundton: Der gleichmäßige Rhythmus der Wellen wirkt beruhigend und beunruhigend zugleich, und das tut es hierzulande an den Küsten von Mecklenburg-Vorpommern, von Niedersachsen und von Schleswig-Holstein.

Wie viele Strände es in Deutschland überhaupt gibt, hat übrigens nie jemand gezählt. Und wenn man ehrlich ist: Kaum etwas an einem deutschen Badestrand ist heute noch Natur, alles ist künstlich. Was aussieht, als hätte es das Meer in Jahrmillionen kreativer Romantikarbeit herangeschoben, wurde mit schwerer Technik planiert oder von weither mit Lastwagen herangekarrt. Die allermeisten Strände in Deutschland sind wie Kleingartenanlagen. Und trotzdem: Alle wollen immer an den Strand. Wir himmeln ihn an. Denn der Strand ist das Ende der begehbaren Welt, ein Grenzort der Elemente, wo alles im Dazwischen zu sein scheint. Zwischen Wasser und Land. Zwischen nass und trocken. Zwischen Bewegung und Stillstand. Und so ist der Strand mehr als nur Ufer, wo es sich gut baden lässt. Er ist Kinderstube, Ruhezone und Wallfahrtsort für alle, die ein Stückchen Freiheit in den Ferien suchen. Am Strand will man fern sein von zu Hause, aber es so haben wie dort. Und nirgends sonst wird dem Körper mehr Entfaltung erlaubt. Am Strand spielt das Leben. Er erlaubt uns alles und verbietet nichts. Er ist wie eine Sandkiste, nur größer, sehr viel größer.

Tage am Meer haben immer auch mit Sehnsucht und Erinnerungen zu tun. Die Gedanken können unterwegs sein. Im Kopf lässt es sich gut verreisen. Und manchmal reicht auch schon das Gefühl von Weitblick und Fernweh, um zufrieden zu sein. Man könnte ja losfahren, wenn man wollte. Das Meer ist ganz nah. Beim Schauen auf das Wasser kann eine Menge klar werden, über das Leben, über einen selbst, über Wünsche. Vielleicht wird aber auch gar nichts klar, und man schaut einfach nur aufs Wasser. Und das ist dann auch gut. Schließlich ist man ja am Strand, wo alles sein kann, aber nichts muss. Deshalb ist man ja dort. Der Strand ist ein Ort, an dem die Dinge noch von alleine geschehen können, wenn man sie lässt.

Die erste direkte Begegnung mit dem Meer, noch vor der Schulzeit, spätere Siebziger, Nordsee, irgendwo in Holland: Am Strand meiner Kindheit trafen sich Fremde, Freiheit und eine nicht zu fassende Ferne. Und grenzenlose Phantasie. Als Vierjähriger tappte ich am Wasser entlang, buddelte Löcher und manchmal meine Brüder ein. Es wurden Muscheln gesammelt und Schätze vergraben. Vielleicht sogar Flaschenpost verschickt, das weiß ich nicht mehr so genau. Es waren endlos lange Sommerferien und die schönsten Tage des Jahres, Tage, an denen immer die Sonne schien. Weicher warmer Sand. Salz in der Luft. Endloses Blau. Gefühlte Augenblicke, die sofort wieder lebendig werden, wenn ich am Strand bin.

Es gibt Menschen, die wie Strandgutachter durchs Leben gehen, stets leicht gebückt, den Blick immer gen Boden gerichtet. Sie laufen los und erkunden. Und dann finden und betrachten sie. Sie fühlen den Geschichten ihrer Fundstücke nach. Es sind Bernsteine, Muscheln oder Hühnergötter, wie man Steine nennt, in die das Meer ein Loch geschliffen hat. Oder Donnerkeile, die versteinerten Überreste fossiler Kalmare, die auch Teufelsfinger genannt werden. Oder Rollholz und Fossilien,

Seesterne und Strandschnecken, Queller, Quallen und Wattwürmer. Am Strand kann man einen Blick fürs Detail bekommen, die kleinen Dinge sehen und ihre Größe begreifen. Oft lässt sich auch Angeschwemmtes finden, das man nicht erwartet hat: Fernseher, Zahnbürsten und Fahrräder. Neonröhren, Duschhauben und Zahnprothesen. Eigentlich alles, was Menschen nicht mehr brauchen und entsorgen. Das Meer als Müllkippe. Doch irgendwann spucken Wind und Wellen eben alles zurück an Land. Dinge tauchen wieder auf. Unsichtbares wird wieder sichtbar. Und jeder, der mal länger an der Küste gelebt hat, kennt das große alte Sprichwort, das voller Ehrfurcht steckt und alles erklärt, was man wissen muss: «Das Meer gibt, das Meer nimmt.» Und es bestimmt, was es an den Strand trägt und dort ablegt.

Dieses Buch erzählt von Pflanzen und Tieren, von Gegenständen, aber auch von Erlebnissen, Menschen und ihren Geschichten, die an den Stränden der deutschen Nord- und Ostsee zu entdecken sind. Es lädt Sie ein, mit wachsamem Blick am Meer unterwegs zu sein. Fast 2400 Kilometer Küste sind es zwischen Wassersleben und Ahlbeck auf der einen und zwischen Sylt und Emden auf der anderen Seite. Überall lässt sich auflesen, was das Meer sich irgendwann geholt hat und nun zurückgibt. Man sammelt, was die letzte Flut in den braunschwarzen Spülsaum geschleppt hat, was die Stürme in den Schilfgürtel geschmissen haben, was ganz vorne, wo Wasser und Land sich trennen, in der Brandung dümpelt. Am Strand kann man finden, ohne zu suchen. Laufen Sie doch mal los ...

SAND

Eigentlich bringt es nicht viel, einen Strand zu beschreiben: Meer und Sand, Himmel und Wind, vielleicht Dünen, vielleicht Steine. Strände sind immer und überall gleich – könnte man meinen. Guckt man allerdings genauer hin, gleicht kein Strand dem anderen. Und das liegt am Sand. Wind und Wellen schleppen immer neuen heran oder holen sich ihn. Sie formen die weiche Küste täglich neu. Es gibt eine Geschichte aus Irland von der kleinen Insel Achill, wo nach 33 Jahren ein 300 Meter langer Strand über Nacht wieder auftauchte. In nur wenigen Stunden hatte ein Sturm Hunderttausende Tonnen Sand angespült. Zuletzt hatten die Bewohner des Dorfes ihren Strand im Jahr 1984 gesehen. Hotels und Restaurants hatten schließen müssen damals, da die Besucher ausgeblieben waren. Ohne Sand kein Strand. Und ohne Strand keine Touristen.

Der Sand hat eine besondere Bedeutung für uns Menschen. Er ist das gewisse Etwas, das von einem Strandbesuch in Erinnerung bleibt, das klebenbleibt. Kaum angekommen ist man auch schon frisch paniert. Man kann gar nichts dagegen tun. Die feinen Körnchen finden alle Ritzen und Körperöffnungen. Denn meistens liegen wir im heißen Sand und lassen ihn durch unsere Finger rieseln. Wir werfen uns angstfrei auf den weichen Boden. Wir blicken versonnen unseren eigenen Fuß-spuren nach, die von den Wellen umgehend wieder unsichtbar gemacht werden.

Sand kann spuckend, wimmelnd und tanzend sein, aber auch satt, schleichend oder horizontal. Er kann hart und weich sein, dir im Gesicht schmerzen, dich sanft streicheln oder eine wunderbare Massage sein. Der Sand macht die Füße träge und den Atem langsam.

Er kann so fein sein, dass er bei jedem Schritt leise quietscht. Dann singt der Strand. Und manchmal wirbelt der Sand auch umher wie Staub, dann kann man ihn atmen. Kommt noch mehr Wind hinzu, wird man gesandstrahlt. Jeder kennt das Bitzeln auf der Haut bei einer kräftigen Brise, das angenehm und schmerzhaft zugleich sein kann.

Ich kannte mal einen Mann, der Sand sammelte. Er lebte auf Rügen und ging fast täglich an die Ostsee. Er hatte unter-schiedliche Körnungen und Farben in Hunderte Flaschen ge-füllt. Sand von der Straße gegenüber, dort, wo die Maulwürfe buddelten. Erde aus dem Wäldchen hinterm Haus. Sand vom Spielplatz nebenan. Feinster Sanduhrensand von der Insel Bornholm, wo er so gerne Urlaub machte. Mancher war einfar-big, anderer gesprenkelt oder ganz bunt. Der Mann hatte ihn getrocknet und durch ein Teesieb gestrichen. Mit schwarzem Filzstift hatte er die Herkunft auf die Plastikflaschen geschrie-ben. «Einen tieferen Sinn hat das nicht», erzählte er damals. Und dennoch hatte er erkannt, dass Sand nicht gleich Sand ist und nicht nur anders aussehen, sondern sich auch ganz unter-schiedlich verhalten kann.

Der mittlere Durchmesser eines Sandkorns beträgt fast immer ⅛ Millimeter, egal, wo es auch liegt. Das hatte der Mann mal irgendwo gelesen. Und dann sagte er noch einen Satz, dessen Größe vielleicht erst dann zu erkennen ist, wenn man ihn sich laut vorspricht: «Wenn große Dinge verschwinden, bleiben manchmal winzige Teile von ihnen zurück.» Vielleicht kann man sogar sagen, dass nichts aus der Welt geht, ohne Spuren zu hinterlassen. Vor einigen Jahren ist der Mann gestorben, von ihm sind die Asche und viele Geschichten geblieben. Von Pflanzen bleibt so etwas wie Humus. Von der Berliner Mauer kleine bunte Stückchen. Und Steine, Felsen und ganze Gebirgsmassive zerbröseln im Laufe von Jahrtausenden. Wind und Regen, Hitze und Kälte reiben so lange an ihnen, bis sie mikroskopisch klein und nahezu beliebig geworden sind.

Kennen Sie das Buch, in dem ein schüchterner Junge das winzigste und unscheinbarste Geschenk bekommt, dass man sich vorstellen kann? Es ist ein Sandkorn und der letzte Rest, der vom sagenumwobenen Land Phantásien übrigblieb. Der Junge heißt Bastian Balthasar Bux. Ihm gelingt es schließlich, aus dem scheinbar Unscheinbaren ganze Städte, Länder und Kontinente, ja, sogar ein ganzes Universum zu erschaffen. Und sehr kurz zusammengefasst erzählt *Die unendliche Geschichte* von Michael Ende natürlich eines: Aus Sand ist die Welt gebaut.

7,5 Trillionen Sandkörner soll es allein an den Stränden der Welt geben. Eine Zahl mit 17 Nullen, Geologen der Universität Hawaii haben sie mal berechnet. Sand, Sand, Sand. Immer ist überall Sand. Und sind wir am Strand, nehmen wir auch jedes

Mal etwas davon mit – selbst, wenn wir das gar nicht wollen. Es lässt sich nicht vermeiden.

Ich fahre einen alten VW-Bus, müssen Sie wissen. Seit 25 Jahren bin ich auf diese Weise in Europa unterwegs und schon an sehr vielen Stränden gewesen. Kürzlich habe ich nach zehn Jahren mal wieder die hölzerne Bodenplatte meines Bullis hochgenommen. Was für ein beeindruckender Anblick! Der Sand unzähliger Reisen und Länder hatte sich dort gesammelt. Er war durch Ritzen und Löcher gerieselt. Ostseesand aus Estland. Mittelmeersand von Sizilien. Atlantiksand aus Portugal. Saharasand von Fuerteventura. Sand kriecht überallhin. Er ist ständig in Bewegung. Er ruht nie.

Es überrascht nicht wirklich, dass ein Zehnjähriger in einem Interview mit der *Frankfurter Allgemeinen Zeitung* auf die Frage nach dem größten Abenteuer seines Lebens mal das Besteigen der Dune du Pilat nannte. Dunkelblau ist die Bucht von Arcachon, die hier in den Atlantik mündet. Schwarzblau der Himmel. Sattgrün der endlose Kiefernwald. Und goldgelb leuchtend erhebt sich zwischen Wald und Meer die mit 110 Metern höchste Wanderdüne Europas. Ein Naturwunder, fast drei Kilometer lang. Dort wächst nichts, das ihn festhalten könnte. Alle Versuche, die Düne zu fixieren, hat man aufgegeben. Und so schiebt der Wind die Massen langsam landeinwärts. Jährlich sollen es fünf Meter sein. Teile des Kiefernwaldes wurden längst verschlungen. Tote Baumgerippe, einst begraben und vom Wind wieder freigelegt, stehen da wie stumme gebeugte Wächter. Gleichzeitig wird der Strand auf der anderen Seite von den Wellen angeknabbert. Sie tragen alles fort.

So ist es auch auf Sylt und auf Wangerooge oder in Kellenhusen oder in Boltenhagen. Die Strände schrumpfen zu schmalen Sandbänken. Jahr für Jahr fressen die Stürme und die steigenden Meeresspiegel ein Stückchen mehr. Was vielerorts bleibt, ist ein Reststreifen. Zehn Meter Urlaub. Kaum einer der Strände an der deutschen Nord- und Ostsee ist heute noch unbeschädigt. Wären sie lebendig, müsste man sie auf die Liste der bedrohten Arten setzen.

Dabei war Sand immer etwas, das im Überfluss vorhanden war. Wie «Sand am Meer» eben. Doch dieses Bild ist nicht mehr zeitgemäß. «Vom Verschwinden des Unerschöpflichen» titelte vor einigen Jahren *mare*, die Zeitschrift der Meere. Und es ist nicht nur das Meer, das den Sand vom Strand wegholt. Es ist auch der Mensch. Theoretisch verbraucht jeder Europäer 4,6 Tonnen im Jahr, ohne es zu merken. Denn ohne Sand läuft kaum noch etwas: Er steckt vor allem im Beton. Und da die Kiesgruben den Bedarf längst nicht mehr decken können, werden die Strände geplündert. Weltweit kommen 30 Milliarden Tonnen jährlich in der Bauindustrie zum Einsatz. Und nicht bloß das: Ohne Sand gibt es kein Glas, keinen Asphalt und kein Plastik. Auch in Shampoo, Farben oder Zahnpasta steckt der schwindende und immer wertvoller werdende Rohstoff.

Im Sand hinterlassen wir Spuren, die nur von kurzer Dauer, die sehr schnell vergänglich sind. Manchmal schreibt man diese auch in den Sand. Findet man keinen Stock oder keine Vogelfeder, nimmt man die Finger. Nachdem Muscheln und andere Gegenstände entfernt sind, wird die Schreibfläche mit den Händen glattgestrichen. Der Strand als Leinwand. Und oft sind es Liebesbotschaften: Einmal, das ist jetzt auch schon wieder fünfzehn Jahre oder länger her, beobachtete ich in einer versteckten Badebucht an der nordspanischen Küste drei langhaarige, komplett in schwarz gekleidete Finnen. Sie waren gerade dabei, mächtige Buchstaben an den Strand zu trampeln. Nach und nach setzte sich der Name einer amerikanischen Heavy-Metal-Band zusammen, bis dieser – auch aus großer Entfernung von der höhergelegenen Steilküste – gut zu lesen war: MANOWAR. Im Sande verlaufen sozusagen. Ein großes Werk mit kleinen Schritten an den Strand gespurt. Und so kam auch ich am nächsten Morgen auf die Idee, meine damalige Freundin, mit der ich einige Wochen im Bus durch den Norden Spaniens reiste, mit frischem Kaffee und einem metergroßen Gruß aus unserer norddeutschen Heimat zu überraschen: MOIN!

2

MUSCHEL

Der Mann mit dem Schifferklavier spielt alte Seemannslieder. Zwei ehrenamtliche Mitarbeiter der benachbarten Seemannsmission verkaufen Rubbellose für einen Euro. Sie haben kleine Plastikeimer, aus denen man die Kärtchen ziehen kann. Hauptgewinn: eine Schiffsreise nach Oslo. Zweiter Preis: eine Hafenrundfahrt in Kiel. Der Rest: Kleingewinne. Direkt am Pier liegen einige Traditionssegler, stolze Dreimaster, manche vor mehr als hundert Jahren gebaut. Etwas weiter, das Kopfsteinpflaster hinauf, steht der Holtenauer Leuchtturm von 1895 und wacht über diesen Teil der Kieler Förde. Und auch das Meer ist nicht mehr weit. Das Salz kann man schon riechen.

Es gibt sie noch, die Orte mit echter Seefahrerromantik – selbst im eher spröden Kiel. In der Landeshauptstadt blicken die Menschen immer in Richtung Förde, heißt es, da die Stadt selbst keine Schönheit ist. Nach dem Krieg hatte man nicht viel Zeit, da musste der Wiederaufbau schnell gehen. Backstein auf Backstein auf Backstein. Quadratisch, praktisch, gut.

Kiel ist eine Stadt für den zweiten Blick – wenn man die besonderen Plätze kennt. Wie den Tiessenkai im Nordwesten. Dort kann man seine Ruhe haben und den Stress hinter sich lassen. Wer an der Hafenkante steht und auf die Förde blickt, sieht die ganze Welt vorbeifahren. Dort ist die Schleuse zum Nord-Ostsee-Kanal. Hundert Kilometer sind es einmal quer durch Schleswig-Holstein. Das schaffen die großen Pötte in acht bis zehn Stunden. Und wenn die Kreuzfahrtriesen kommen, gibt es jedes Mal einen großen Menschenauflauf.

Nun aber legt eine eher unscheinbare schwimmende Plattform am Tiessenkai an. Die Einheimischen wissen, was das bedeutet. Und schnell hat sich eine kleine Schlange gebildet. Denn nun beginnt der Verkauf: Miesmuscheln vom Kutter. Erst vor einer halben Stunde wenige Meter entfernt frisch aus der Förde geholt. Hundert Jahre und länger hatte es keine Muschelzucht in Kiel mehr gegeben. Seit 2013 wird wieder geerntet. Wobei von Zucht zu sprechen eigentlich nicht ganz richtig ist. Denn die wilden winzigen Miesmuschellarven siedeln sich ganz von alleine an – wenn man ihnen die richtigen Bedingungen bietet. Heute werden sie allerdings nicht wie noch im 19. Jahrhundert an Pfählen gezüchtet, sondern an Leinen, die von Bojen an der Oberfläche gehalten werden und in Reihen parallel zum Ufer verlaufen, bis zu 100 Meter lang. An ihnen setzen sie sich fest und bleiben dort drei Jahre bis zur Ernte. Ob die Muscheln groß genug sind, können die Fischer ganz einfach an der Boje erkennen: Sie beginnt abzusinken. Eine Leine, die zwei bis drei Meter in die Tiefe reicht, wiegt dann zwischen 800 und 1000 Kilo. Zu schwer dürfen sie aber auch nicht werden. Denn berühren sie den Schlick am Meeresgrund, droht Gefahr. Dann kommen die Seesterne, klettern die Leinen hinauf und fressen alles weg. Dass die Muscheln frei im Wasser hängen, anstatt auf dem Grund zu wachsen, hat aber noch einen weite-

ren Vorteil: Sie versanden nicht und müssen nicht extra gespült werden.

In freier Wildbahn hocken Miesmuscheln dicht gedrängt in riesigen Büscheln auf Holz und Felsen oder an Schiffsrümpfen. Anders als die Seepocke haften sie dort aber nicht ihr Leben lang. Vielmehr hängen sie am seidenen Faden: Sie baumeln an einem feinen Netzwerk aus Byssusfäden, auch als Muschelseide bekannt. So sind sie flexibler bei der Nahrungsaufnahme und können auch ihren Standort leichter wechseln. Und dennoch trotzen die Muscheln noch der stürmischsten See und überstehen nicht nur das Trockenfallen während der Ebbe. Sie schaffen es auch, dem gierigen Zerren der Möwen, Raubfische und Krabben standzuhalten, die es auf die «inneren Werte» der Muschel abgesehen haben.

Drüben auf der anderen Seite, vielleicht hundert Kilometer Luftlinie von Kiel entfernt, vollzieht sich entlang der Nordseeküste Tag für Tag ein anderes Schauspiel: Wenn das Meer geht, kommen die Muschelsucher. Mit Harken und Rechen, mit Schaufeln, Mistgabeln, Speeren und Dreizacken stapfen sie manchmal schon frühmorgens um fünf durch das Watt. Gebückt stehen sie im Schlick, buddeln Löcher, pflügen den schlammigen Grund um, schleppen eimerweise Herz- oder Miesmuscheln an Land. Manchmal zweimal am Tag. Denn die Nordsee ist das ideale Terrain: Die Tide ist deutlich zu spüren, fast minütlich verändert sich die Landschaft. Wo eben noch das Wasser stand, kann man nun über Sand laufen, tauchen Queller und andere Salzpflanzen auf. Doch es ist gar nicht so einfach, auf dem Meeresboden voranzukommen. Und anstrengend ist es auch. Erst auf einer Muschelbank, die den Sand wieder verdichtet und zusammenhält, sind die Fußgängerfischer froh, wieder festeren Boden unter den Stiefeln zu haben.

Harte Schale, weicher Kern – so ließen sich alle der rund 60 in der Nordsee lebenden und weltweit 10 000 bekannten Muschelarten kurz und knapp beschreiben. Und ohne ihren Kalkpanzer hätten die Tiere in den Ozeanen, den Flüssen und Teichen der Erde auch keine Chance. Manche Schalen sind stachelig, gerippt oder farbig, andere sind schlicht weiß. Wenn die Schale spiralig gedreht ist, ist es allerdings keine Muschel, sondern eine Schnecke – auch wenn dann oft von «Seemuscheln» oder «Muschelhörnern» gesprochen wird.

Muscheln sind lebende Kläranlagen. Während sie fressen, filtern sie mit ihren Kiemen gleichzeitig Sauerstoff, Kleinstlebewesen wie Plankton und Schwebstoffe aus dem Wasser, sie werden satt und reinigen nebenbei die Meere. Einige Muscheln schaffen bis zu 25 Liter in einer Stunde. Alle gemeinsam filtrieren einmal pro Woche das komplette Wattenmeer. Meist sitzen sie dabei im Boden vergraben, vor Feinden geschützt. Und es muschelt gewaltig im Watt: In nur einem Quadratmeter Meeresboden siedeln zwischen 400 und 1500 Scheidenmuscheln, das sind die länglichen, wie Bleistiftetuis geformten Dinger, die sich bei Gefahr mit ihrem Grabfuß in nur wenigen Sekunden tief in den Grund zurückziehen können. Die Herzmuschel ist bei Ebbe geschlossen und öffnet sich bei Flut. Die Pfeffermuschel schiebt zum Atmen und Fressen zwei Schläuche an die Oberfläche. Und die Sandklaffmuschel, die wahrscheinlich von den Wikingern im Mittelalter aus Nordamerika eingeschleppt

wurde, versorgt sich über eine fingerdicke Röhre, den sogenannten Sipho, mit Atemwasser und Nahrung. Bis zu 30 Zentimeter tief im Schlick verbringt sie ein verborgenes Leben. Sollten Sie mal beide Schalen eines Exemplars finden, versuchen
Sie doch mal diese zusammenzusetzen: Es wird nicht gelingen
und ein Spalt bleiben – daher der Name.

Auch die Menschheit spaltet sich ja bekanntlich über einer
Frage in zwei Lager: Mögen Sie Austern? Es gibt Austernes-
ser und Austernhasser. Für alle, die gerne schlürfen, an dieser Stelle etwas wirklich Köstliches: Die Wellen im Norden
Sylts hätten Trinkwasserqualität, wäre da nicht das Salz. Und
Austern wachsen am besten dort, wo das Wasser besonders sauber ist. Nur Eingeweihte kennen die Stelle in der weiten Bucht
zwischen Kampen und List, wo Dänemark bereits in Sicht ist
und eine der edelsten Nordseemuscheln in weitmaschigen
Drahtsäcken auf Metallbänken wächst, die später auf den Tel-
lern der Sternerestaurants landet. Es ist eine der nördlichsten
Austernzuchten Europas. Die «Sylter Royal» ist eine Pazifische
Felsenauster, die ursprünglich aus Japan stammt und weltweit
mehr als 90 Prozent aller Zuchtaustern ausmacht. Sie ist ro-
bust, besonders resistent gegen Schädlinge und Krankheitser-
reger und wächst schnell. Ihre Schalen sind so hart, dass Vögel
und Krebse sie nicht knacken können. Nicht mal, seinem Namen zum Trotz, der Austernfischer, der andere Muscheln mit
seinem Schnabel problemlos in ein paar Sekunden zum Splittern bringt.

Längst ist die Sylter Royal auch in den gutsortierten Fisch-
theken der größeren Supermärkte angekommen. Ein Exemplar

Rezept

....

Und noch ein sehr schnelles Miesmuschelrezept für vier Personen von Tohru Nakamura, einem in München geborenen Sternekoch: Muscheln (4 Kilo) gründlich waschen und abtropfen. In einem großen Topf Sesamöl (5–6 EL) erhitzen und Shiitake (250 Gramm) mit Frühlingslauch (1 Bund), Stangensellerie (2 Stück), Ingwer (2 EL), Knoblauch (1 EL) und Chili (1 kleine) – alles grob geschnitten – anschwitzen. Helle Misopaste (2 EL) hinzufügen, Hitze erhöhen und die Muscheln hineingeben. Mit Sake (200 Milliliter) ablöschen und sofort den Deckel fest auf den Topf. Mehrmals schütteln, so öffnen sich die Muscheln besser. Garzeit: maximal 3 bis 4 Minuten. Deckel abnehmen, zwei bis drei Butterstückchen auf den heißen Muscheln schmelzen lassen und mit Limettenabrieb und Limettensaft auffrischen. Koriander und Petersilie darüber und noch dampfend servieren.

gibt es dort für zwei Euro. Ihr Geschmack ist nussig, geradezu cremig am Gaumen und nicht zu salzig. Ein ganz einfaches Rezept: So mancher netzt die rohe Auster mit Rotwein-Schalotten-Essig. Dazu würfelt man einige Schalotten sehr fein, vermischt diese mit Malzessig und Rotwein im Verhältnis 1:3 und etwas frisch gemahlenem Pfeffer. Ein Spritzer Zitrone nach Belieben. Das Allerwichtigste aber: Besorgen Sie sich ein Austernmesser, um die Schalen zu öffnen. Sonst kann es mühsam und sehr blutig werden.

3

GESCHICHTEN

In der Stralsunder Altstadt in der Mönchstraße 58A zappeln Hände aufgeregt durch die Luft. Die Arme wirbeln von links nach rechts und von oben nach unten. In der Küche des denkmalgeschützten Hauses dampfte eben noch die Mittagssuppe auf dem Tisch, nun steht Katrin Hoffmann vor dem Tisch und erzählt in ihrer lebhaften Art von Krimis und Kochbüchern, von Leichen und Rezepten. Peter, ihr Mann, sitzt am Tisch. Er ist der ruhigere Part des Verlegerduos. Er kennt jeden Meter Sand zwischen Rostock und der polnischen Grenze. In den Sommermonaten ist er dort regelmäßig mit seinem Bauchladen unterwegs und verkauft selbstgeschriebene Krimis direkt am Strandkorb. Die Hoffmanns haben eigens einen Verlag gegründet, den Strandläufer-Verlag, und führen außerdem die kleinste Buchhandlung Mecklenburg-Vorpommerns.

Wenn Katrin und Peter Hoffmann erst einmal angefangen haben mit dem Erzählen, sind sie nur schwer zu bremsen. So kann es passieren, dass man eben noch bei der Suppe saß und nun schon den Kaffee eingeschenkt bekommen hat, ohne es so überhaupt zu bemerken. In der Zwischenzeit spielen sich die beiden die Bälle zu. Sie redet, er gibt Stichworte; ein eingespieltes Team, als Ehe- wie als Geschäftspartner. Sie, Jahrgang 1966 und gebürtige Stralsunderin, arbeitete als Lokaljournalistin elf Jahre auf Usedom. Er, Jahrgang 1967, stammt aus dem Oldenburgischen in Niedersachsen und hat mal Ökonomie studiert. «Bücher sind unsere Passion», sagt sie. «Wir haben schon immer gelesen. Irgendwann wollten wir dann auch schreiben.»So fing das alles an.

«Und dann habe ich es gleich mal mit einem Krimi probiert», ergänzt er. *Die Pilzsammlerin* erschien im Mai 2008, die erste Auflage von 1500 Stück war schneller verkauft als gedacht. Eine zweite musste her. Und weitere Krimis. Immer ihrem Motto folgend: «Entweder das ist genial oder völlig bescheuert.» Beide grinsen jetzt.

Katrin wischt mit einem Lappen kleine Kaffeepfützen vom Holztisch, geht kurz hinaus, kommt wieder herein und legt die Bücher der letzten Jahre sorgsam nebeneinander. Der Tisch ist schnell gefüllt mit *Die Fischhändlerin*, *Blauzahns Schatz* oder *Hanse-Häppchen*. Und Peter erzählt jetzt, wie das damals alles weiterging mit dem Schreiben und mit dem Verlag. Die Idee sei am Strand gekommen. Der Eismann lief vorbei. Und die Hoffmanns überlegten, was neben Eis, Zeitungen, Würstchen und Kaffee noch fehlt, was Touristen im Urlaub sonst noch tun, wenn ihnen das Sonnenbad zu langweilig wird.

«Lesen», ruft Katrin, als wäre sie gerade erst darauf gekommen. «Es müssen Schmöker sein, die in die Strandtasche passen, sie dürfen nicht zu schwer sein, eine sommerleichte Urlaubslektüre», erklärt sie. Und weiter: «Wer hier an der Ostsee im Urlaub ist, muss doch auch Geschichten von hier lesen. Wir wollen den Leuten etwas Regionales mitgeben.»

Gedruckt wird auch in der Region. Und das Layout macht eine Frau aus Stralsund. «So sind die Wege kurz», sagt Peter, der Brille und Schnauzbart trägt. «Unsere Bücher sind durchweg regionale Produkte.»

Prerow. Hiddensee. Binz. Peenemünde. Heringsdorf. Überall sind die Strände anders. Überall sind die Badegäste anders. Und Peter hat längst einen Blick dafür, wer Interesse für seine Bücher haben könnte und wer besser nicht gestört werden will. Im eher schickeren Seebad Binz, wo in der Nachsaison viele Rentnerpaare sitzen, sollte man eher die Kochbücher mitnehmen. Wo viele Familien sind, kommen Kinderbücher und Krimis besser an. An manchen Tagen ist der Strand voll, doch keiner kauft ein Buch, an anderen muss Peter mehrmals zum Auto laufen, um Nachschub zu holen. «Die See ist ja auch jeden Tag anders», sagt er. «Es ist jedes Mal wieder aufregend, mit dem Bauchladen loszulaufen. Man weiß ja nie, wen man trifft.» Und am FKK-Strand lässt auch er die Hose runter. «Das gehört dazu. So sind die Spielregeln.»

Peter Hoffmann ist an und für sich kein guter Name für einen Krimibuchautor; zu wenig geheimnisvoll, zu gewöhnlich. Peter hätte sich natürlich auch ein kraftvolles Pseudonym geben können, wie es viele heute tun – Hans G. Francis oder Vincent Voss zum Beispiel. Doch das wäre den Hoffmanns zu wenig authentisch gewesen. Denn auch in ihren Krimis steckt viel von dem echten Leben in Stralsund und von der Geschichte der Küstenstadt. Es sind keine blutigen oder gar bösartigen Krimistoffe. Sie leben von den feinen Beobachtungen, die Peter sammelt und verarbeitet. Und er geht gerne ins Detail. Es macht ihm Spaß, mit kommissarischem Spürsinn durch die Stadt zu laufen. Er setzt sich gerne in Cafés und belauscht die Gespräche, er besucht den Bestatter, die Gerichtsmedizinerin, das kulturhistorische Museum, um ganz nah dranzubleiben an der Wahrheit und am Alltag. «Es muss ja alles Hand und Fuß haben.»

Wer nach Stralsund zieht, muss sich die Arbeit selbst schaffen, wissen die Hoffmanns. «Wir haben uns den Verlag mitgebracht.» Zunächst wollten sie sich drei Jahre geben und dann entscheiden, ob es weitergehen soll. Mittlerweile können sie davon leben. Der Unterschied vom Bauch- zum Buchladen ist ja auch gar nicht so groß. «Stralsund ist ein überschaubarer Kosmos. Das macht das Ganze spannend.» Und die Hansestadt mit ihren knapp 60 000 Menschen hat sich sehr gemacht in den letzten Jahren. Die Altstadt, die teilweise verfallen war und als Schandfleck galt, ist wieder eine sehr beliebte Wohngegend. Während Stralsund lange Zeit nicht mehr als die Durchgangsstation nach Rügen war, strömen heute jedes Jahr anderthalb Millionen Tagestouristen in die Stadt. Und mit vielen kommen auch die Hoffmanns ins Gespräch, in den alten Straßen oder direkt am Meer. «Am Strand sammle ich Begegnungen und Gespräche», sagt Peter, «dort lerne ich fremde Menschen und Geschichten kennen. Dort kommen mir die besten Ideen für meine Kriminalromane. Dort finde ich alles, was ich brauche, um kreativ sein zu können.»

Im Winter wird geschrieben. Von Ende Mai bis in den September hinein ist Saison. Dann hängt sich Peter seinen Bauchladen um, der aus leichtem Holz gebaut ist. Mit Büchern sind es dann knapp zehn Kilo. Früher wurden in einem Hamburger Kino Zigarren daraus verkauft. Peter läuft los und bringt Touristen den Lesestoff direkt an den Strandkorb, was ziemlich einmalig für einen Verleger sein dürfte. In der Hand hält er eine kleine Glocke, mit der er gelegentlich läutet. «Papier und Sonne ist sehr kompliziert», erzählt er, «Papier und Wasser aber, das geht gar nicht. Wir sind auf trockene Tage angewiesen.»

Der Sommer hat gerade erst angefangen, bislang spielt das Wetter noch nicht mit. Das kann man auch an Peters Haut erkennen: Sie ist noch ziemlich blass. «Nach zwei Wochen am Strand sehe ich anders aus», sagt Peter. Dann läuft er wieder los, Geschichten sammeln. «Denn die», und das sagt er zum Abschied, «gibt es wie Sand am Meer.»

ALGE

Ohne ihn geht es selten. Man würde verloren vor den scheinbar endlosen Supermarktregalen stehen. Und deshalb ist er überlebenswichtig. Er ist Gedächtnisstütze und Orientierungshilfe in der Flut an Produkten, die in den Kühltheken und Vitrinen warten. Doch dann wird er achtlos verloren, weggeworfen oder vergessen. Man findet ihn überfahren auf Parkplätzen, in Fußgängerzonen, zurückgelassen in Einkaufswagen oder Mülltonnen. Dabei kann ein gebrauchter Einkaufszettel viel über einen Menschen erzählen. Es ist ein Stück Papier, das tief blicken lässt. Denn das wissen wir ja alle: Sag mir, was du isst, und ich sag dir, wer du bist.

So beginnt diese kleine Geschichte nicht an einem Ostsee- oder Nordseestrand, sondern auf dem Fußboden eines Bio-Supermarktes irgendwo in Schleswig-Holstein: Auf dem verlorenen Zettel, kaum größer als eine Visitenkarte, steht in eher femininer, winziger, aber gut lesbarer Handschrift: *Quinoa, Eier, Quark, Ingwer, Tomaten, Cashewnüsse, Kokosöl, Vollkornbrot, Grauburgunder, Blasentangtee.* Vermutlich plante die Schreiberin einen romantischen Abend mit einem leichten Tomaten-Quinoa-Salat mit Cashewnüssen und dazu einem Glas Wein. Sie muss eine ambitionierte Hobbyköchin, vielleicht sogar Ernährungsberaterin sein, stehen doch ausnahmslos gesunde Lebensmittel auf der Liste. Aber was soll das für ein Tee sein – Blasentang? Und wozu braucht man den?

Schnell ist herausgefunden, dass es sich bei der bis zu 75 Zentimeter großen, überaus robusten Pflanze um eine in der Nord- und Ostsee weitverbreitete Braunalge handelt. Erste Fotos der Suchmaschine schaffen Klarheit: Jeder, der schon mal an der Küste war, kennt Blasentang. Bei Sturm werden ganze Teppiche der dicken ledrigen Blätter mit ihren teils schwülstigen Gasblasen vom Meeresboden losgerissen, ans Ufer geschwemmt und dort massenhaft aufgetürmt. Vom weißen Traumstrand ist dann nicht mehr viel zu sehen. Allein an der schleswig-holsteinischen Ostseeküste werden im Jahr über 200 000 Tonnen Treibsel angespült, wie das organische Material genannt wird – Seegras, Algen und Treibholz. Und kommt frisches Treibsel während der Saison an Land, muss die Räumung mit den Baggern schon morgens um vier beginnen, damit der Badestrand um neun blitzeblank ist.

Der braungrüne Glibber, der sich im Wasser um Kinderbeine wickelt, gilt seit langem als wahres Multitalent: Der aus den Blättern des Blasentangs aufgegossene Tee soll bei übermäßigem Schwitzen helfen, aber auch bei Schilddrüsenunterfunktion, Übergewicht, Heuschnupfen, Arterienverkalkung, Schuppenflechte oder Stoffwechselerkrankungen. Die Alge – denn Tang, das sind am Seeboden festgewachsene größere Algen – ist reich an Eisen, Jod und Phosphor. Hinzu kommen diverse Vitamine und Omega-Fettsäuren, die vor Entzündungen schützen sollen. In Studien konnte ein Extrakt aus *Fucus vesicu-*

losus, so der biologische Name, Krebszellen aus Bauchspeichel-drüsentumoren am Wachstum hindern. Blasentang scheint ein echtes Superfood zu sein; er hat zehnmal so viel Calcium wie Kuhmilch, fünfmal so viel Eisen wie Spinat, doppelt so viel Magnesium wie Kürbiskerne und mindestens so viel Vitamin B8 wie Grünkohl, eher mehr.

Algen sind die ältesten noch existierenden Pflanzen. Es gibt sie seit Milliarden von Jahren. Sie haben die Kreidefelsen von Rügen gebaut, sind anspruchslos, extrem anpassbar und wachsen schnell. Ohne sie wäre kein Leben im Wasser. Auch wir Menschen wären gar nicht da, gäbe es nicht diese ungeheure Vielfalt, von nur wenigen Mikrometer kleinen Zellen, dünner als ein Haar und unter dem Mikroskop prächtig schön, bis hin zu meterlangen, mächtigen Tangen, die an Jules Vernes Abenteuer tief im Ozean erinnern.

Weltweit bevölkern wohl mehrere hunderttausend Arten die Meere. Die allerwenigsten sind erforscht. Dabei haben Algen die Fähigkeit, Giftstoffe und Schwermetalle aus dem Wasser zu filtern und nachhaltig abzubauen. Sie arbeiten effektiver als ein industrieller Aktivkohlefilter. Mit Hilfe des Sonnenlichts absorbieren sie zudem CO_2, das sie zum Wachstum brauchen, und produzieren nicht nur Biomasse, die als Lebensgrundlage anderer Meeresbewohner dient, sondern auch als Nebenprodukt Sauerstoff. Den Algen kommt dabei eine vergleichbare Wichtigkeit wie den tropischen Regenwäldern zu. Nehmen Sie Platz oder halten Sie sich fest: Etwa zwei Drittel des auf der Erde freigesetzten Sauerstoffs wird von Süß- und Salzwasseralgen produziert. Sie sind die unsichtbaren Lungen der Welt.

In der Ostsee sollen es mehr als 200 Arten sein, darunter die Speckkrusten-Rotalge, der Langfädige Röhrentang oder der Flügel-Seeampfer. Eine der bekanntesten ist allerdings gar keine echte: Die Blaualge hat keinen Zellkern und zählt zu den Bakterien, wobei sie im Grunde genauso wie eine Alge entsteht und mit Hilfe des Sonnenlichtes wächst. Dafür nutzen die Blaualgen aber nicht nur das Chlorophyll, sondern auch blaue, rote bis schwarze Pigmente. In kleinen Mengen sind diese Bakterien, die überall im Baltischen Meer, aber auch in Badeseen vorkommen, ungefährlich. Treten sie aber massenhaft auf, wird es lebensgefährlich. Dann entsteht eine Vielzahl von Chemikalien, Toxinen, Antibiotika und Hormonen, wovon einige zu den stärksten natürlichen Giften gehören. Immer dann, wenn das Meer blau blüht, beginnt das Sterben.

Zurück zur echten Alge und ihren unfassbaren Möglichkeiten: Manche Designer setzen bei ihren Kollektionen inzwischen immer häufiger auf natürliche Materialien. Die Dänen Jonas Edvard und Nikolaj Steenfatt aus Kopenhagen zum Beispiel verarbeiten nachhaltige Werkstoffe aus Algen. Bei einem Spaziergang am Strand waren sie auf die Idee gekommen, auch Blasentang zu nutzen. Es hatte sie überrascht, wie schnell dieser in der Sonne trocknete, wie extrem stabil er wurde. Heute zermahlen sie den Tang zu Pulver und zerkochen ihn zusammen mit Altpapier zu einer klebrigen Masse. Daraus formen sie Lampenschirme, Stühle und andere Möbel. Verantwortlich für die enorme Stabilität ist das natürliche Polymer aus der Braunalge, der hohe Salzgehalt wirkt zudem als Konservierungsmittel. Das Bioplastik ist außerdem extrem leicht und so gut wie nicht entflammbar. Theoretisch könnten Algenstühle auch als Dünger in der Landwirtschaft oder im Garten eingesetzt werden, da sie Stickstoff, Magnesium und Kalzium enthalten. Umweltverträglich, langlebig und biologisch abbaubar.

Was längerfristig allerdings zu einer Katastrophe führen könnte: Der Stress für marine Ökosysteme steigt. Auch die Bestände des Blasentangs, der für andere den Lebensraum vorbereitet, indem er glatte Steine unter Wasser und die Felsen der karstigen Küste besiedelt und zum Wohnraum für Krebse, Muscheln und weitere Algen wird, schrumpfen seit Jahren dramatisch. Die Erwärmung der Meere. Das Absinken des pH-Wertes. Die Zufuhr von Nährstoffen und der Verlust von Sauerstoff. Das alles setzt dem Blasentang immer mehr zu. Vor allem die überall steigende Wassertemperatur schwächt sein Immunsystem. Und so siedeln sich auf ihm vermehrt andere Algenarten an. Doch die Tiere, die sie abgrasen, kommen wegen der erhöhten Temperaturen nicht nach, sodass der Tang schließlich erstickt. Die Unterwasserwälder sind bedroht.

Zum Ende noch etwas aus der Küche: Wer Algen nur als Nori kennt, in den die Japaner Reis und Fisch wickeln, wird angesichts der kulinarischen Möglichkeiten große Augen bekommen. Die salzige Frische der Wakami-Blätter erinnert an Austern. Die Schotten mögen die mild-würzige Ulva besonders in Salaten und Suppen. In Frankreich nennt man Braunalgen «Brot des Meeres». Und ein irisches Sprichwort sagt: «Ein dicht mit Algen bewachsener Felsen ist genauso viel wert wie ein Feld.» Ohne Algen würden sich auch Eiscremes und Salatdressings in ihre Bestandteile auflösen oder in triefenden Matsch verwan-

Eigene Zeichnungen und Notizen

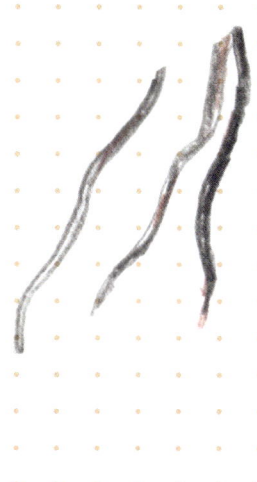

deln. Sie sind überall; wer Marmelade, Joghurt und Streichkäse isst, wer eine Pille schluckt oder seine Hühner füttert oder den Hund mit Fleisch aus der Dose, wer einen Wein trinkt, sich den Bierschaum von den Lippen leckt oder aufbereitetes Trinkwasser konsumiert, wird sehr wahrscheinlich einer Alge begegnen, ohne es überhaupt zu wissen. Algen sind in aller Munde.

5

STEINE

George schlief in Höhlen, unter Brücken oder am Strand. Er lebte auf den Straßen von Brighton, der Küstenstadt im Süden Englands. Und an manchen Tagen trank er drei Flaschen Brandy und soff sich fast zu Tode. Eines Morgens aber beschloss er: Dieser ganze Suff muss ein Ende haben, mein Leben soll eine neue Perspektive bekommen. Er stand auf und lief einfach los. Im Uhrzeigersinn immer die Küste entlang. Einmal rund um Großbritannien. 6800 Meilen in zweieinhalb Jahren. Schritt für Schritt.

Um über die Runden zu kommen, baute George Skulpturen an den Strand. Stein für Stein. Er ließ keinen Kiesel unumgedreht, legte Tausende in oft wochenlanger Arbeit aufeinander. In vielen Schichten. Er formte sie zu Kunstwerken, zu einer dicken Hummel, zu einem Motorboot, zu einem DJ-Pult mit Plattenspielern, zu einem Drachen mit meterbreiten Flügeln. «Menschen zieht es ans Meer», sagte George bei unserer ersten Begegnung im Norden Schottlands. Die Leute sahen seine Steinfiguren, fotografierten, warfen Geld in die kleine Holzkiste, die er aufgestellt hatte. Davon lebte George. Und irgendwann nannte man ihn den «Pebble Man», den Kieselsteinmann.

«Wenn man einen Stein umdreht», sagte er, «kann es sein, dass der seit der letzten Eiszeit nicht mehr bewegt wurde. Und dann nehme ich ihn als erster Mensch in die Hand – was für ein Augenblick. Wer den Stein als einen wie tausend andere abtut, kann ihn nicht finden.» Immer wieder verkaufte er auch einzelne Exemplare, die wie Fische, Vögel oder Hunde aussahen. Für einen faustgroßen kreideweißen Stein mit den Umrissen eines Yorkshire Terriers zahlte ihm ein Mann aus der Schweiz einmal 400 Pfund direkt auf die Hand. Und dann zog George weiter die Küste entlang. Seine Kunstwerke wurden vom Wind verweht, vom Wasser zerstreut und fortgespült. «Nichts bleibt für immer. Der nächste Sturm holt sich alles zurück. Und das ist gut so. Vielleicht zeige ich mit meinen Skulpturen ja auch bloß die Zeit und wie alles vergeht.»

Während der Recherche zu diesem Buch erfuhr ich, dass George nicht mehr lebt. An einem sonnigen Samstag im März 2015 sprang er vom Palace Pier in Brighton und ertrank im Ärmelkanal. Da war er gerade 39 geworden. Er konnte nicht schwimmen. Doch seine Kunstwerke, die kann man sich heute noch auf so mancher Website im Internet ansehen. Und in meinem VW-Bus hängt ein Stein, den er mir damals geschenkt hat und der mich an ihn erinnert. Es ist ein Stein mit Durchblick, in den das Meer über die Jahrtausende ein Loch gewaschen hatte, ein Hühnergott.

Hühnergötter können rund, kantig oder krumm sein, klitzeklein, aber auch riesengroß. Ostseefischer benutzten sie einst als Senker für ihre Netze und Reusen, Handweber beschwerten die Webstücke damit. Die besonders großen Lochsteine aller-

dings, die zentnerschweren Paramoudras, wie sie in Großbritannien heißen, werden noch heute für Pflanzen in den Vorgärten gebraucht. Man nennt sie daher auch «Sassnitzer Blumentöpfe», und wie der Name vermuten lässt, findet man sie auch häufig an Rügens Nordostküste, nicht weit entfernt von der Hafenstadt Sassnitz.

Hühnergötter sind Feuersteine, die dunkelgrau bis schwarz und weiß sein können. Sie sind sehr hart und witterungsbeständig, splittern allerdings leicht, was schon die Menschen der Steinzeit wussten, die sie für Werkzeuge, Pfeilspitzen und zum Feuermachen nutzten. Durchlöcherte Steine gibt es vor allem an Ost- und Nordseestränden. Sie sind Millionen Jahre alt, stammen aus der Kreidezeit und sind mit den Verschiebungen der Eiszeiten im Geröll vorangetrieben und abgeschliffen worden. Meist wurden von weicheren Kreideeinlagerungen umgebene Muscheln, Korallen, fossile Seeigel oder Schwämme von den Wellen nach und nach herausgewaschen, was die Löcher entstehen ließ.

Wie es zu dem merkwürdigen Namen kam, ist bis heute umstritten: Waren es die Krimtataren, die die Lochsteine an der Hühnerstange aufhängten oder in die Nester legten, um für einen reichen Eiersegen zu sorgen und das Hausgeflügel vor Räubern zu schützen? Waren die Hühnergötter Schutzsteine gegen Kikimora, die Göttin der Slawen, der man nach der Christianisierung ihre Göttlichkeit nahm und die dann zum schadenbringenden Poltergeist abstieg, der es auf das Hausgeflügel abgesehen hatte? Oder waren es Grabbeigaben in Hünengräbern? Seit Urzeiten schon sollen Hühnergötter als Schutzzeichen und Talismane wirken. Sie sind ein Symbol der Kraft und leiten böse Geister in die Irre. Im germanischen Götterglauben sollen sie Dämonen vertrieben und allerlei Leiden geheilt haben. Man hielt sie gegen die Sonne als Lupenstein, ihr Ausschnitt konzentrierte den Blick auf das Wesentliche und setzte geheime Wünsche frei. Und auch heute noch reiht man die Steine Loch an Loch zu Ketten auf und hängt sie an die Häuser.

Beständig verändern die Steilküsten an der Ostsee ihre Form, beständig verlieren sie einen Teil ihrer selbst an das Meer. Sie sind Geschöpfe der Eiszeit, vor 6000 Jahren noch reichte das Land rund sechs Kilometer weiter nach Nordosten. Auf heutigen Seekarten ist dieser Dorn mit seinen geringen Tiefenlinien gut zu erkennen. Noch früher konnte man sogar trockenen Fußes nach Bornholm laufen, der dänischen Insel, die heute mitten in der Ostsee liegt und einst eine nördliche Spitze des Festlandes war.

Verglichen mit den Flussgeröllen aus den Alpen oder von den Mittelmeerstränden sind die Steinfelder an der südlichen Ostsee um ein Vielfaches artenreicher, farbiger. Nirgendwo in Mitteleuropa kommen ältere Gesteine vor als im Norddeutschen Tiefland und unter den Strandgeröllen von Ost- und Nordsee, sie können wenige tausend oder auch zwei Milliarden Jahre alt sein. Während der letzten Eiszeit schob sich ein eineinhalb Kilometer breiter Gletscher über Norddeutschland hinweg und brachte uralten Fels aus Skandinavien mit.

Das Gestein entstand, als Magma, das flüssige Erdinnere, nach außen drang und erkaltete. Und als die Schalen und Skelette von Milliarden von Lebewesen auf den Grund der Meere

sanken und dort unter dem Druck des Wassers zusammenge-
presst wurden. Erdbeben, Frost, Hitze, Wellen und Wind zer-
legten die riesigen Platten sehr langsam in handliche und immer kleinere Stücke.

Heute gilt die gesamte Ostseegegend als Eldorado für Samm-
ler und Geologen. Granite, Gneise und Hochdruckgranulite,
Rhombenporphyre, Sand- und Kalksteine. Schiefer, verstei-
nerte Seeigel oder Donnerkeile, wie man fossile Tintenfische
nennt, die wie Gewehrpatronen aussehen. Oder, besonders beliebt bei Kindern: Klappersteine. Im Inneren dieser kugeligen
Feuersteine verbirgt sich ein fossiler Schwamm. Durch Poren-
öffnungen dringt leicht kohlensäurehaltiges Wasser ein und
löst die mit dem Innenrand der Feuersteinkugel verbundenen
Skelettteile des Kieselschwamms auf. Nach Hunderten oder
Tausenden von Jahren entsteht ein Hohlraum, der Schwamm
im Inneren wird beweglich. Ein Tipp: Wer einige der hand-
schmeichelnden runden Steine findet, die noch keine Geräusche machen, kann diese in Essigwasser auskochen, um über
kleine Öffnungen die Kalkbestandteile zu lösen – dann klappt
es auch mit dem Klappern.

6

TREIBHOLZ

Kein Strand ohne Treibholz. Das kann von einer uralten Moor-eiche oder einem Maulbeerbaum sein, aber auch eine ver-witterte Schiffsplanke oder ein zentnerschwerer Dalben mit rostigen Schrauben, an dem früher die Schiffe festmachten. Oder Äste, die aussehen wie abgenagte Knochen. Aber auch ganze Bäume, irgendwo entwurzelt, die sich das Meer geholt und wieder an Land geworfen hat. Und die nun in märchen-haften Verrenkungen aus dem Boden ragen. Meist ist die Rinde abgefallen. Von Wellen gerollt, vom Sand geschliffen, von der Sonne ausgeblichen. Mit vielen der hölzernen Fundstücke, die Jahrzehnte oder Jahrhunderte im Meer trieben, ließen sich auf Kunstauktionen Höchstpreise erzielen. Es sind einmalige Ob-jekte, deren Knorrigkeit keine Grenzen kennt. Jeder Millimeter scheint vergreist, als wäre das Wachsen eine unendliche Qual gewesen. Sie sind aufs expressivste geborsten, gebeugt und ge-wunden oder ineinander verschlungen. Schade, dass das Holz nicht sprechen kann. Es würde wohl die abenteuerlichsten Ge-schichten erzählen.

Schatz kommt von schätzen. Und Menschen, die einen Strand leidenschaftlich nach Schwemmgut absuchen, erkennen einen Wert in scheinbar wertlosen Dingen, die die See bringt.

Sie lesen den Strand wie andere die Zeitung. Man muss nur genau hinschauen, dann lässt sich fast immer etwas Kostbares finden. Und gerade Treibholz ist begehrt. Noch heute wird es entlang der Ostsee als Baumaterial und Brennholz genutzt. Andere sammeln das hölzerne Strandgut, um daraus Möbel zu schreinern. Oder sie verhökern es auf Flohmärkten oder bei Ebay zu horrenden Preisen. Wer das unverschämt findet, muss selber los. Doch wer nimmt sich schon die Zeit, stundenlang bei Wind und Wetter am Strand nach Treibholz zu suchen? Und wer hat den Blick dafür, wie ein meerwassernasses Stück trocken aussehen könnte, wie es seine Farbe verändern wird und was man daraus erschaffen könnte?

Eines der beeindruckendsten Kunstwerke aus Treibholz, das sich seit mehr als 40 Jahren fortlaufend verändert, steht nur etwa sechs Autostunden von Hamburg entfernt an der schwedischen Südwestküste. Als hätten riesige Biber einen gewaltigen Staudamm am Fuße der Felsklippen gebaut. Als hätten Tausende Kinder eine mächtige Spielburg aus Brettern errichtet. Im Jahr 1980 hatte der schwedische Künstler und Karikaturist Lars Vilks begonnen, das gesammelte Treibholz zu verbauen, das sich immer wieder zwischen den Felsen der unzugänglichen Küste verfängt. Und mit den Jahren wuchs das hölzerne Etwas, das er «Nimis» nannte: Überfluss. Doch erst zwei Jahre später entdeckte die Öffentlichkeit die abgelegene Bucht mit dem wild zusammengenagelten Bau auf der Halbinsel des Naturschutzgebietes Kullaberg am südlichen Kattegat. Der Weg führt durch relativ steiles und unwegsames Gelände. Schon oft wollten Behörden das tonnenschwere Bauwerk wegen fehlender Geneh-

migungen abreißen lassen. Doch Vilks zog immer wieder vor
Gericht. Und er sagte auch, das Gezanke gehöre als Teil zum
Kunstwerk, das übrigens rein gar keine Bedeutung habe.

Im Jahr 1996 ging Vilks, der durch seine Mohammed-Karika-
turen in skandinavischen Zeitungen weltbekannt wurde, noch
einen Schritt weiter und erklärte den Teil des Naturreservats,
in dem die Treibholzburg steht, zu einem unabhängigen Staat
namens «Ladonia». Er wollte die schwedischen Gesetze umge-
hen. Und provozieren. Was wieder einen Rechtsstreit auslöste.
«Niemand lebt in Ladonia. Alle Staatsbürger sind Nomaden»,
heißt es auf ladonia.org. Die Staatsbürgerschaft kann online
beantragt werden und ist kostenlos. Über 20 000 virtuelle Ein-
wohner der Mikronation gibt es längst. Und Nimis steht bis
heute. An mancher Stelle bis zu 25 Meter hoch und 75 Tonnen
schwer. Auch wenn es schon zweimal von Unbekannten ange-
zündet wurde; große Teile brannten nieder und wurden wie-
deraufgebaut. Der Eingang, der nur zu Fuß erreichbar ist, liegt
oben im Wald. Es ist ein enger Tunnel aus Treibholz, durch den
man hinunter in das Kunstwerk steigen muss.

Der erste Gedanke: So dürfte sich ein Schiffsbohrwurm fühlen. Und wer manche der Hölzer genauer betrachtet, wird die
unzähligen kleinen Löcher und Gänge darin erkennen, die sich
durch die Planken und Stämme ziehen. Einige der Bohlen sind
so weich, dass man ein Messer hineindrücken könnte. Denn
ist der Wurm erst einmal drin, ist alles zu spät. Teredo Navalis
klingt wie ein spanischer Tennisprofi, ist aber nur knapp fin-
gerdick und etwa so lang wie ein noch unbenutzter Bleistift.
Er sieht aus wie ein Wurm, gehört aber zu den Muscheln und

fühlt sich im warmen Tropenwasser vor Australien genauso wohl wie in der kühlen Nordsee. Der Wurm erträgt das salzige Mittelmeer, aber auch das Brackwasser der Ostsee. Woher er stammt, weiß niemand so genau. Vermutlich aus dem Golf von Bengalen. Und möglicherweise ist er im Lauf der Jahrhunderte als blinder Passagier in Schiffsrümpfen um die Welt gewandert.

Bis heute hat man 66 bekannte Bohrwurmarten gezählt, sie tragen den Beinamen Calamitas navium: das Verderben der Schiffe. Die Muschel in Wurmgestalt gibt es seit mindestens 60 Millionen Jahren. Ihre Schalen sind zu zwei scharfen kleinen Platten geschrumpft, die am Vorderende sitzen. Wie ein Minibohrkopf arbeitet diese Spitze sich unaufhörlich ins Holz und gräbt tiefe Gänge, in denen das Tier sein ganzes Leben verbringt. Bei angenehmen 15 bis 25 Grad Wassertemperatur durchbohren die Tiere 30 Zentimeter dicke Eichenstämme in nur einem halben Jahr. Vermutlich haben die maritimen Termiten auf diese Weise mehr Schiffe versenkt als die Admirale und Piraten aller Weltmeere zusammen. Kolumbus soll angeblich gleich mehrere Korvetten seiner Armada verloren haben, weil keiner bemerkt hatte, wie wurmstichig sie waren. 1731 brachen in Holland bei einer Sturmflut von Würmern durchlöcherte Deichtore: Hunderte Menschen ertranken. Und auch in der deutschen Nordsee ist der Vielfraß schon seit Jahrhunderten heimisch. Selbst in der deutlich salzärmeren Ostsee verbreitet er sich seit Anfang der 1990er Jahre. Dort schmecken ihm vor allem die aus weichem Nadelholz gebauten Hafenanlagen und Anleger.

Kennen Sie die Filme, in denen sich Schiffbrüchige tagelang an ein zufällig vorbeitreibendes Stück Holz klammern, eine Insel erreichen, dort einige Monate oder gar Jahre überleben und schließlich gerettet werden? Derart dramatische Geschichten passieren wirklich – allerdings selten mit Happy End. Ich selber habe im Herbst 2006 etwas Vergleichbares im Süden Teneriffas erlebt. Wer dort am Strand stand und auf den Atlantik blickte, sah die Welt in Blau. Wer sich umdrehte, sah satte Körper in Bikinis auf Handtüchern gestrandet. Von Los Cristianos fahren die Fähren auf die kleineren der Kanarischen Inseln. Und wenn es Plätze gibt, an denen die Trostlosigkeit ein Zuhause gefunden hat, dann dort. Es gibt aber auch Menschen, die freiwillig kommen und bleiben, um ihren Jahresurlaub dort zu verbringen. Deutsche Bank und britischer Pub. Cafés und Restaurants mit bebilderten Menüs. Speisekarten in 14 Sprachen – die ganze Welt ist in Los Cristianos willkommen. Nur die Afrikaner werden nicht so gerne gesehen. Auch am äußersten Vorposten Europas landen mittlerweile immer häufiger morsche Holzboote an, die auseinanderzubrechen drohen und in denen viel zu viele Menschen sitzen. Bilder einer humanitären Katastrophe, die man so oder ähnlich oft in den Nachrichten sieht. Im Atlantik oder im Mittelmeer Ertrunkene sind längst Alltag geworden. Und als im September 2006 56 Flüchtlinge völlig entkräftet den Hausstrand von Los Cristianos erreichten, aalten sich die Touristen weiter ungerührt in der Sonne. Manche der Frauen und Männer aus Afrika hatten sich – die Augen weit aufgerissen und voller Todesangst – fest an Treibhölzer geklammert, die sie auf der tagelangen Irrfahrt vom Festland

als möglichen Rettungsanker eingesammelt hatten und selbst dann nicht losließen, als sie schon längst gerettet waren. Ein glücklicher Augenblick, der schrecklich zugleich war. Und ein Stück Holz bloß – könnte man meinen.

7

WATTWURM

Es gibt Tage, an denen wagt man sich besser nicht aus dem Haus, an denen bleibt man am besten im Bett. Decke drüber und warten, bis es vorbei ist. Neulich war so ein Tag: Wind satt. Vier Grad und Regen von der Seite. Nass und schmutzig. «Schoosterweer» sagt man bei uns im Norden, ein Wetter also, das die Schuhe so verdirbt, dass man sie zum Schuster bringen muss. Immerhin, es schlackerte noch nicht – auch so ein schöner norddeutscher Ausdruck: Schlackerwetter, das ist ein kalter Regen, der langsam in Schnee übergeht.

Nun denn, es war Januar. Alles hatte sich auf Grautöne reduziert. Ganz flach wirkte die Welt da draußen. Und im Internet fand sich eine Annonce mit der wunderbaren Titelzeile: «Frischer Schnee – 1 Euro». Ich freute mich bereits wie ein – Achtung, Wortwitz! – Schneekönig und las weiter: «Ich möchte mich schweren Herzens von meinem Schnee trennen. Er ist vielseitig einsetzbar, z. B. zum Skifahren, Rodeln, Schieben, Schneemannbauen, für eine lustige Schneeballschlacht, zum Spielen für die Kinder oder als nette Deko für den eigenen Garten. Der Preis ist für den Liter, lohnt sich ja sonst nicht. Abzuholen am Bungsberg, dem höchsten Berg Schleswig-Holsteins.» Für alle, die es nicht wissen: Der Bungsberg ist 168 Meter hoch.

Wer ganz oben steht, kann sogar die Ostsee sehen. Und fast hätte ich den Anhänger ans Auto gekoppelt und wäre losgefahren. Dann sah ich aber doch noch, dass die Anzeige schon mehr als drei Jahre alt war. Und ganz nebenbei: Das letzte Mal hatte es bei uns vor drei Jahren so richtig geschneit.

Das alles hätte mir zu denken geben können, ich weiß. Aber schließlich stand es ja bei Ebay Kleinanzeigen. Auf dem digitalen Trödelmarkt kann man alles kaufen, was andere nicht mehr haben wollen, aber als zu schade zum Wegwerfen erachten, sei es aus Geiz oder weil sich der innere Umweltaktivist regt. Oder weil sie zu faul sind, um zum Sperrmüll zu fahren. Also finden sich bei den kleinen Anzeigen wirklich große Dinge, wie zum Beispiel «ein Panzer aus dem Zweiten Weltkrieg, Modell Panther, auszugraben in der Ukraine. Preis: Drei Millionen Euro VB, ohne Transport.» Dazu der schöne Vermerk: «Bitte nur ernsthafte Anfragen von Leuten, die keine Spinner sind!»

Begrenzt man die unübersichtliche Flut der Kleinanzeigen auf seiner Suche dann noch auf einen Ort – wie zum Beispiel auf die Hallig Hooge –, kann es so richtig interessant werden. Weit draußen im Watt finden sich neben einem «Business Hemd weiß Slim Fit XXL» auch diverse Ersatzteile für Rasenmäher (gibt es da keine Schafe?) und sogar ein komplettes Haus mit viel Weitblick auf der Hanswarft für 325 000 Euro. Natürlich fast wie neu und in Topzustand – wie eigentlich alles bei Ebay. Kleine Welten, große Anzeigen. Wie auch diese: «Ein Kubikmeter Watt. Ganz frisch. Preis: Verhandlungssache. Nur Abholung! 1 Monat Rückgabe. Keine Garantie. Der Käufer zahlt den Rückversand.»

Nun sollte man sich aber mal vor Augen führen, was man da gekauft hätte: In nur einem Kubikmeter matschigen Meeresbodens können nämlich bis zu 100 000 Tiere stecken. Das Watt ist voller kleiner und kleinster Wesen, ein Kabinett wundersamer Kreaturen, mit bloßem Auge kaum zu erkennen. Darunter höchst eigenartige Geschöpfe wie schwulstige Pantoffelschnecken, die sich auf Miesmuscheln ansiedeln. Oder der Bäumchenröhrenwurm, der Höhlenschlangenstern, die Seenelke, ein urtümliches Blumentier mit bläulich schimmernder Rastafrisur. Und es verbirgt sich noch eine ganz andere Welt im Watt, eine, die der Mensch bis heute erst im Ansatz verstanden hat: die Sandlückenfauna. Ein Reich der Zwerge! Minikrebse und Milben, Kiemenringelwürmchen und Wimperntierchen, die sich mit Saugnäpfen an Sandkörner heften oder blitzschnell zwischen ihnen umhernavigieren. Alle nur wenige Mikrometer klein; was größer als einen Millimeter ist, zählt bei den Meeresexperten zur Makrofauna, zum Großwild.

Für alle, die schon mal an der Nordsee waren, bleibt bis heute vieles sonderbar vertraut: das Schmatzen im schlammigen Schlick, Modder, in dem die nackten Füße einsinken, während um einen herum die Gezeiten wirken. Dazu der seltsam schwefelige Geruch. Der Anblick der weggespülten Sandburg. Das Geräusch des Gummiballs auf dem harten Holzschläger. Und auch im Fotofamilienalbum «Nordstrand 1985» ist vor allem sehr viel Weite und Watt zu sehen. Es ist ein Reich, das regelmäßig untergeht. Kosmisch präzise. Zweimal am Tag. Das platte Watt ist salzige Grauzone. Keine Autos. Keine Öffnungszeiten. Natur ohne Ende. Barfuß bis zum Horizont.

Die Ebbe saugt das Meer ab, bis zu 20 Kilometer in Richtung Westen. Mit der Flut strömen die Wassermassen ebenso weit zurück. Watten sind weder Land noch Meer; sie sind beides. Amphibische Zwischenreiche. Mondgesteuert. Still und weit. Scheinbar ohne Leben. Doch kaum ein Ort ist so lebendig. Im Watt, und das vermag sich kaum jemand vorzustellen, gibt es mehr Biomasse als im Urwald. Aus praktisch nichts wird dort etwas. Doch nichts bleibt, wie es ist. Die ständige und nicht zu stoppende Erneuerung im Sechsstundenland vollzieht sich Tag für Tag. Oft unmerklich langsam, manchmal radikal. Und zweimal am Tag ist die Platte wie blankgeputzt; das Einzige, das dann über Normalnull liegt, sind die wenige Zentimeter hohen Häufchen, die aussehen wie Sandspaghetti, als drücke da jemand graubraune Zahnpasta aus dem Erdreich – in Spiralen aufgehäufte Verdauung: Wattwurmkacke.

Der bis zu 40 Zentimeter lange, fingerdicke Wattwurm wird bis heute von vielen noch immer unterschätzt. Wussten Sie, dass die braun bis schwarz gefärbten Sandfresser jedes Jahr einmal das komplette Watt der Nordsee umgraben und damit die Lebensgrundlage für andere Meeresbewohner und Bodenorganismen schaffen? Sie tragen dazu bei, dass Fische wachsen können, die später die ganze Nordsee besiedeln. Und das funktioniert so: Der Wurm wiegt etwa 50 Gramm und wohnt in 20 bis 30 Zentimetern Tiefe in einem U-förmigen Gang. Die Innenwände der Röhre hat er mit Schleim verkleidet, damit sie nicht ständig einstürzen. Durch wellenartige Bewegungen schafft er es, dass stetig Wasser durch die Röhre fließt. Wie ein Staubsauger verschlingt der Wattwurm mit seinem am Kopfende ausstülpbaren Rüssel unaufhörlich Sand, filtert dabei Bakterien, Pflanzenreste und Algen heraus und scheidet die Erde oben wieder aus. So bekommt er frischen Sauerstoff, den er mit seinen grellroten Kiemenbüscheln aufnimmt, die paarweise an der Mitte des Körpers sitzen.

Während der Wurm frisst, bildet sich oben am Ausgang ein für alle Wattwanderer sichtbares kleines Loch: Das ist der Fresstrichter. Und alle 30 bis 45 Minuten ist er satt. Mit dem Schwanz voran kriecht er nun nach oben, kurz unter die Oberfläche, und presst den Sand – so schnell er kann – heraus. Die Eile tut not, wird er doch gerne von Austernfischern oder Alpenstrandläufern verspeist. Hat er Glück und wird nicht geschnappt, kann er durchschnittlich fünf Jahre alt werden. Eine wahre Wohltat fürs Watt. Durch die Umwälzung des Bodens bringt der Wurm Nährstoffe an die Oberfläche, baut abgestorbenes Pflanzenmaterial ab und reichert den Boden mit Sauerstoff an. Und auch für Biologen gilt der Wattwurm längst als wichtiger Indikator dafür, wie es den Meeren geht: Wird dieser weniger Nachwuchs zeugen, wenn er einer höheren Plastikbelastung ausgesetzt ist? Hat er weniger Energiereserven? Wird er träge? Ist er stressanfälliger? Wie würde sich das Ökosystem Watt verändern, falls der Wurm eines Tages womöglich aussterben sollte? «Wenn sich Schadstoffe in Wattwürmern anreichern, ist bald die gesamte Nahrungskette betroffen», betont der Meeresbiologe Mark Lenz vom Geomar in Kiel die enorme Bedeutung des Borstentieres. «Er ist einer der wichtigsten Meeresbewohner unserer Küsten und durch seine spezielle Lebensweise durch Mikroplastik gefährdet.» Pro Tag frisst jedes

Exemplar 15 Gramm Sand – inklusive der darin enthaltenen Schadstoffe, die dem Plastik anhaften, sich ablösen und die Würmer langsam vergiften können. Doch was wäre das Watt, die Wiege des Wurms, ohne den Wurm? Mark Lenz braucht nicht lange zu überlegen: «Ziemlich öde.»

8

QUELLER

Es muss irgendwann Ende der 1990er Jahre gewesen sein, da lud mich Frau Kühn zum Essen ein. Sie erzählte aus ihrem Nordseeleben, wie sie einst die Wildenten rupfte und mit den frischen Federn die Betten stopfte. Wie das Meer mal einen Meter hoch in ihrer Wohnstube stand und sie mit ihrer Familie vor den Fluten auf den Dachboden flüchten musste. Und sie zeigte mir eine für mich bis zu jenem Tag völlig unbekannte Pflanze, die in großen Mengen direkt vor der Haustür der damals Achtzigjährigen wuchs: Die könne man essen.

Man sollte vielleicht wissen, dass Frau Kühn seinerzeit auf der Hallig Oland lebte und dort eine Ferienwohnung vermietete. Vor der Haustür bedeutete also mitten im Meer. Und schon als Kind war sie – meist im Frühsommer – mit ihren Geschwistern losgelaufen, um diese seltsamen Dinger zu sammeln und ihrer Mutter zu bringen, die daraus einen Salat bereitete, wie es ihn bis heute nur an der Nordseeküste gibt. Die extrem dickfleischigen Pflanzen sind so grün wie Gras, die Blätter stark verkleinert und zu einer Art Schuppen reduziert, die sich um den Spross legen. Die Stängel sehen nach irgendwas zwischen Bohne, Spargel und Kaktus aus. Es knackt beim Hineinbeißen. Und sie schmecken salziger als das Meer, mit einer leicht pfeff-

rigen Schärfe und einer feinen nussigen Note. Die Bohne der Matrosen, so nannte Frau Kühn diese maritime Spezialität damals, die noch heute den Geschmack von Meer und Wattboden speichert und hervorragend zu Fisch oder in ein Risotto passt. Seit Menschen auf den Halligen leben, essen sie den Queller, so der Name der vier Millimeter dicken und bis zu 30 Zentimeter hohen Salzstange.

In Norddeutschland nennt man die verzweigten Stiele, die sich wie die Arme eines Kaktus emporstrecken, auch «Meeresspargel», in Holland «Zeekral», in Großbritannien «glasswort» und in Frankreich «Salzhorn» oder auch «cornichon de la mer», da sie sich wie Gurken auch gut in Essig einlegen lassen. Der Queller, lateinisch Salicornia europaea, zählt zu den Fuchsschwanzgewächsen und ist weder ein Schachtelhalm, für den er wegen seines Aussehens oft gehalten wird, noch eine Alge, als die er in den Fischläden oft verkauft wird. Er lebt nahe der Gezeitenzone, zwischen Watt und Land. Dort sprießt er büschelweise, wird regelmäßig überflutet und steht stundenlang unter Wasser, um dann wieder in der prallen Sonne zu trocknen. Wo dieses Kraut wächst, gedeiht kein anderes. Der Queller muss mit extremen, lebensfeindlichen Bedingungen zurechtkommen: Es gibt so gut wie keinen Sauerstoff im mit Meerwasser durchtränkten Boden. Dazu wehen kräftige Winde, denen die Salzwiesen schutzlos ausgesetzt sind. Und: Das Salz des Meeres müsste die Pflanzen geradezu aussaugen. Eigentlich.

An der Nordseeküste aber haben sich viele Überlebenskünstler angesiedelt und ein besonderes Verhältnis zum Salz entwickelt. Einerseits müssen sie das Meerwasser aufnehmen, um nicht zu vertrocknen, andererseits müssen sie das Salz wieder loswerden, um nicht zu sterben. Wie zum Beispiel die Strandgrasnelke mit ihrem rosaroten Köpfchen, das Milchkraut oder der Gewöhnliche Strandflieder mit seinen kniehohen Ästchen, die im Hochsommer blühen und Teile der Küste in violett leuchtende Teppiche verwandeln. Oder das eher kleine struppige Andelgras, der aromatisch duftende Strandwermut und die immergrüne, fast buschige Portulak-Keilmelde mit ihren dicken Blättern. Sie alle müssen ihren Salzhaushalt regulieren, um nicht zu verdursten.

Beim Queller funktioniert das so: Nachdem sich der Winter endgültig verabschiedet hat, beginnen im April die Samen zu keimen. Zum Aufgehen benötigt der Salicornia allerdings Frischwasser, weshalb das Wachstum meist nach starken Regenfällen einsetzt. Um in diesem salzigen Lebensraum nicht auszutrocknen, dreht er das Prinzip der Osmose einfach um: Im Laufe des Sommers lagert er in seinen Zellen Salz ein und überwindet so die osmotische Saugkraft des Salzbodens. So kann er Wasser aufsaugen, ohne selber zu viel Salz aufzunehmen.

Der Queller scheidet das Salz aber nicht aus, sondern speichert es in den Vakuolen, kleinen Bläschen im Inneren seiner Zellen. Diese Vakuolen dienen als Lagerräume. Dem Gesetz der Osmose folgend, müsste das Wasser eigentlich aus den Zellen in die salzhaltigen Vakuolen strömen. Die Zellen müssten absterben. Der Queller aber verhindert das, indem er Wasser in die Vakuolen pumpt und so die Salzlösung verdünnt. Wegen dieser Verdünnung quellen seine Sprossen immer dicker auf –

daher auch der Name. Irgendwann aber ist selbst die dickste Vakuole voll und die Speicherkapazität erschöpft. Und so geht der Queller im Spätsommer ein. Dabei verfärbt er sich in ein kräftig leuchtendes Rot, die Ränder der Salzwiesen stehen in Flammen. Spätestens im September sieht man dann nur noch seine rotbräunlichen Gerippe stehen.

Der Queller ist aber nicht bloß Wildgemüse, die Pflanze könnte auch helfen, die globale Erwärmung zu verlangsamen: In größeren Ansammlungen, so haben Wissenschaftler herausgefunden, nutzt er die nährstoffreichen Abwässer von Garnelen- oder Fischzuchten als Dünger. Durch sein schnelles Wachstum bindet er dabei so viel Kohlenstoff aus der Luft wie Wälder, die eigens zur Kohlenstoffreduktion gepflanzt werden. Der entscheidende Unterschied: Salicornia verbraucht dabei weder Süßwasser noch besetzt er Ackerland. Darüber hinaus könnten seine Samen für die Ölgewinnung geeignet sein. Erste Anbau- und Vermarktungsversuche gibt es schon, wenn auch nur in kleinerem Umfang. Diese Idee scheint aber so überzeugend, dass sich schon größere Firmen damit beschäftigen, die dabei an Biodiesel für Flugzeuge denken. Und nicht zu vergessen: Der Queller dient dem Küstenschutz und der Landgewinnung. Seine Wurzeln halten den Boden fest. Auch das ist ein Grund, warum er in Deutschland im Nationalpark Wattenmeer nicht mehr einfach so geerntet werden darf. Der Queller, der auf unsere Teller kommt, stammt aus gut sortierten Fischfachgeschäften und wird meist aus Frankreich, aus den Niederlanden oder aus Israel importiert, wo er in Treibhäusern kultiviert wird. Im Laden zahlt man gerne mal 35 Euro das Kilo.

Nur die wenigsten allerdings wissen mit der Matrosenbohne etwas anzufangen. Frau Kühn von der Hallig Oland nahm nur die knackigen jungen Triebe, die von April bis Juni wachsen und noch zart und prall sind. Je weiter die Saison fortschreitet, desto mehr verholzen die dann immer dickeren Stängel. Im Kühlschrank ist der frisch gepflückte Queller in ein feuchtes Tuch eingeschlagen für mindestens zwei Tage haltbar. Mit dem Waschen sollte man bis kurz vor der Zubereitung warten, da die Triebe im Süßwasser sehr schnell weich werden und zerfallen. Das Allerwichtigste: Vermeiden Sie allzu große Hitze! Das Kraut verliert sonst seinen Biss und wird unangenehm labbrig. Man sollte ihn nur sehr kurz braten, dünsten oder blanchieren. Der Queller steckt voller Mineralstoffe wie Natrium, Kalium, Magnesium und Kalzium, und das schmeckt man so richtig. Er ist Jodquelle, wirkt antioxidativ und blutdrucksenkend. All das würde verlorengehen, würde man ihn zu heiß und zu lang zubereiten.

Ein einfaches, aber gutes Rezept für eine Vorspeise für vier Personen könnte so aussehen: 300 Gramm Queller in kochendem Wasser (ohne Salz) für eine Minute blanchieren und sofort kalt – am besten in Eiswasser – abschrecken. Mit acht halbierten Cocktailtomaten, zwei kleingehackten Schalotten und zwei kleingeschnittenen Knoblauchzehen in einer Pfanne mit Olivenöl nicht länger als drei Minuten dünsten und zum Schluss mit etwas Meersalz und Pfeffer abschmecken. So schmeckt die Nordsee!

9

MENSCHEN

Er lebt weit weg von der Küste. In Leipzig. Doch eigentlich passt er da überhaupt nicht hin, in eine Großstadt, das sagt er selbst. Er sei dort völlig fehl am Platz. Und an manchen Tagen hält er es auch kaum noch aus. Der Lärmpegel strengt ihn zu sehr an. Nicht selten fühlt er sich gehetzt. Wie auf der Flucht. Einige Zeit wohnte er mit seiner Freundin gegenüber einem Technoclub. Der Bass ließ die Gläser in den Schränken vibrieren. Leute schmissen Flaschen gegen Wände oder schlugen im Suff Autos kaputt. Viel zu viele Menschen. Viel zu viele Geräusche.

Dabei ist er Geräuschesammler. Und Ornithologe. Er ist ein Mensch, der mit den Ohren sieht. Viel lieber würde er daher draußen auf dem Land sein, wo er sofort in der Natur wäre und beobachten könnte. Viel lieber ist er auf der Greifswalder Oie, einer nahezu unbewohnten Ostseeinsel (Einwohnerzahl laut Wikipedia: 1), wo es keine Autos oder Straßen gibt, wo er Vögel zählen und gleichzeitig abschalten kann. Das ist wie Meditation, sagt er, Urlaub für die Ohren. Jedes Jahr verbringt er einige Wochen dort.

Akustisch saubere Aufnahmen kann er mit seinen hochsensiblen Mikrofonen in weiten Teilen Deutschlands ohnehin nicht mehr machen. Es dröhnt und piept. Es brummt und zischt. Irgendwo grollt immer ein Bagger. Durchgängig sind Grundgeräusche von Autos oder Flugzeugen zu hören. Leben bedeutet Lärm. Doch wie ist eigentlich die Wirkung von Geräuschen? Was spielt eine Rolle bei der Wahrnehmung? Der eine empfindet einen tropfenden Wasserhahn als unangenehm, genießt aber das tosende Rauschen der Nordseewellen. Verkehrsgeräusche werden als störend wahrgenommen, wenn man in der Natur ist, in der Stadt aber gehören sie dazu. Klingelterror. Handygequatsche. Es herrscht Zwangsbeschallung. Körperverletzung durch Krach. Lärmverschmutzung. Die Augen kann man schließen, sagt der Mann aus Leipzig, die Ohren nicht.

Auch am Strand ist das nicht anders. Alle Sinne sind dort sogar noch geschärft. Man sieht, man riecht, man spürt. Man schmeckt das Salz in der Luft. Und man hört und hört und hört. Wie geschult das Gehör aber wirklich ist, wird am Meer erst so richtig deutlich – denn es hört nicht auf. Auch dort ist es ja nie ganz still. Das leichte Rauschen der Wellen. Das Säuseln des Windes. «Ich war noch nirgendwo auf der Welt, wo vollkommene Stille herrschte», erzählt er, «die komplette Lautlosigkeit gibt es gar nicht. Denn je ruhiger es um uns ist, desto lauter wird es in uns.» Ein schöner Satz, dessen Wirkung sich erst so recht entfaltet, wenn man ihn einfach mal so stehen lässt: Je ruhiger es um uns ist, desto lauter wird es in uns.

Wobei wir auch schon beim Punkt wären: der lauten Stille, die man aushalten können muss, die nach einer Weile schwer und anstrengend wie das Getöse werden kann. Es gibt nicht wenige Menschen, die ertragen so viel Nichts um sich herum

kaum. Doch genau das ist ein Grund, warum viele ans Meer kommen, wo man das eigene Blut brausen hören kann. Sie gehen an den Strand und horchen in sich selbst hinein. Und gerade im Herbst oder im Winter, wenn kaum noch etwas los ist auf Rügen oder in Sankt Peter-Ording, weil ein kalter dicker Regen ins Gesicht peitscht und der Wind manchmal wie ein kranker Hund heult, wird diese Stille immer lauter. Dann braucht man sich nur an den Strand zu stellen und zu lauschen. Und es muss an genau diesen Geräuschen liegen, dass den Menschen von der Küste immer wieder neue Geschichten einfallen, die sie sich von Generation zu Generation erzählen. Wie etwa von Möwen, die Hexenstimmen haben, deren Kreischen wie die Scharniere von Türen klingen, die man besser niemals öffnen sollte.

Ein Sommertag am Strand dagegen bedeutet vor allem eins: Ausnahmezustand. Menschen im Wasser. Menschen an Land. Immer mehr. «Schiffbruch, cast away, lost in diesem Menschenmeer» (Deichkind). Alle kommen wegen der frischen Brise. Sie liegen im Sand, wie auf Handtüchern gestrandet. Krebsrote Familien sitzen in Strandkörben neben Badelatschen und freizeitbunten Taschen und verbrennen in flimmernder Hitze. Unter den Badegästen scheint es ein ungeschriebenes Gesetz zu geben: Niemand geht früher als nötig, jede Minute Sonne wird ausgenutzt. Der Sommer ist kurz. Die Städte sind grau. Der Winter war lang. Der Frühling war verhindert. Man ist ausgehungert. Und überhaupt will man ja immer gut vorbereitet sein auf die schönsten Tage des Jahres. Es darf an nichts fehlen: Handtücher, Badehose, Sonnencreme. Dazu schreiend bunte Windschutze, die auf der nahen Promenade in bis zu zehn Meter Länge erhältlich sind und den Strand wie eine Kleingartenanlage parzellieren.

«Ruhe jetzt!!!», möchte man am liebsten brüllen, wenn uns der Lärm der anderen zu sehr quält. Und es hat seinen Grund, dass Ohropax erst in den zwanziger Jahren des vergangenen Jahrhunderts erfunden worden ist. Die Stille ist erst in der neuesten Zeit zu einer knappen Ressource geworden, vielleicht sogar schon zu einem Luxusprodukt. Schön passt hier noch einmal die Hamburger Band Deichkind: «Hauptbahnhöfe, Schützenfeste immer volles Haus. Leute halten sich gern' in Ballungsgebieten auf. Sitzplatzreservierungsfehler, vier Stunden stehen. Was soll denn das Gedrängel da, ich kann überhaupt nichts sehen. Häschen sind süß, ich vergrab mein Gesicht in ihr Fell. Doch Menschen gibt's einfach zu viele in dieser Welt. Hauptsache kein Gehupe, Hauptsache Angelrute. Hauptsache nichts mit Menschen. Hauptsache kein Getose, Hauptsache tote Hose. Hauptsache nichts mit Menschen.»

Die frühesten Strandurlauber waren schwindsüchtige Töchter und blutarme Stammhalter, sie kamen der Gesundheit wegen. Irgendwann Ende des 18. Jahrhunderts muss es gewesen sein, als das erste deutsche Seebad in Heiligendamm an der Ostsee eröffnete. Die gute Luft wurde zum Markenprodukt. Und bis heute werden Kinder, die zu viel husten, aus dem Ruhrgebiet an die Nordsee geschickt, um auf Inseln wie Borkum oder Amrum tief durchzuatmen. Doch warum wollen auch gesunde Menschen ans Meer? Was hoffen sie, dort zu finden? Die Antwort: Wer ans Meer geht, verändert sich. Im Angesicht des Wassers werden wir wieder zu Kindern. Man atmet durch

und macht Urlaub von der wohltemperierten und stets gleichen Sachlichkeit des Alltags. Das macht uns glücklich. Und natürlich geht eine geheimnisvolle Kraft aus vom Meer, das alles wegschwemmen kann, wenn es will, in dem alles zu verschwinden scheint. Noch wenn es daliegt wie ein schlafendes Ungeheuer, schwarz und unbewegt, bleibt der Eindruck, dass unter der unbewegten Oberfläche Dinge geschehen, die keiner erklären kann.

Am Strand blicken Menschen immer Richtung Wasser. Fast wirkt es so, als suchten sie nach etwas. Der Blick ist nicht zugebaut, ist weit und grenzenlos. Stehen wir am Ufer oder auf einer Klippe, können wir bis zum Horizont sehen. Das entstresst. Die Gedanken verreisen. Hier kann man seine Ruhe haben. Und manchmal reicht ja schon das Gefühl von Weitblick und Fernweh, um zufrieden zu sein. Man könnte losfahren, wenn man wollte. Es gibt nicht viel, was einen hält, aber sehr viel, was die Phantasie anregt.

Hinzu kommt ein ziemlich energisches, gleichmäßiges Geräusch. Der Rhythmus der Wellen ist der Grundton des Urlaubs, er wirkt unfehlbar beruhigend. Die Frequenz entspricht einem natürlichen Atem-Rhythmus. Mediziner haben festgestellt, dass Menschen, die sich in der Nähe von, am oder unter Wasser befinden, weniger Ängste empfinden und einen ruhigeren Herzschlag haben. Schon länger wird Meeresrauschen in der Reha, in der Therapie und sogar in Zahnarztpraxen genutzt. Es soll schmerzlindernd sein.

Die enorme Weite, wie sie Gebirge oder Wüsten haben, entspannt zwar auch, aber wohl nichts kommt dem nassen Element nahe. Manchmal reicht schon ein Teich im Park, ein Fluss oder ein See. Für die meisten aber bietet erst die Meeresküste den absoluten Kontrast zum sonst so beengten Alltag. Sorgen werden hier plötzlich ganz klein. Man selber kommt sich winzig, fast pünktchenhaft vor und nimmt sich nicht mehr ganz so wichtig. Das Meer wühlt auf und ordnet neu. Es glättet und beruhigt. Es stellt Regeln auf, die kein Mensch ändern kann. Und es hat Zeit. Nehmen wir uns ein Beispiel daran.

10

QUALLE

Ich weiß noch sehr gut, was ich als Kind meinen Eltern sagte, wenn sie mir nicht meinen Willen ließen: «Ich ess gleich einen Regenwurm!» Vermutlich glaubte ich, angesichts einer so unappetitlichen Drohung würden sie schon nachgeben. Es hat nie geklappt.

Rückblickend hätte ich den Wurm ruhig runterschlucken können. Denn bis heute ist es für mich selten ein Problem, etwas zu essen, das ich zuvor noch nie probiert habe. Schon als Kind mochte ich Blutwurst, Leber oder Spinat. In Schweden habe ich kürzlich eine Dose Surströmming geöffnet, in Salzlake vergorener, bestialisch stinkender Hering. In Galicien kaute ich minutenlang auf einem gegrillten Schweineohr, im Norden Thailands kostete ich eine extrem bittere dunkelgrüne Grassuppe, die beim Schlachten aus dem zweiten Wiederkäuermagen eines Wasserbüffels entnommen und auf den Straßenmärkten in Eimern verkauft wird. In Indonesien aß ich sogar mal Hund – was man mir allerdings erst später erzählte. Und im Südwesten Afrikas wurde ich wieder und wieder zu farbenfrohen, wenn auch etwas stachligen Schmetterlingsraupen eingeladen, die nach tagelang nicht gewaschenen Füßen rochen und zu jeder Mahlzeit serviert wurden. Mir persönlich sind Raupen lieber als eine schlimme Soße aus der Dose oder diese schmierig-fettige Minisalami, die in einem Kondom steckt. Doch was ist eigentlich mit Quallen?

Auch fangfrisch zubereitet mögen sich viele den glibbrigen Happen nicht so recht vorstellen. Zu unbekannt scheinen uns diese Tiere, die auch in Nord- und Ostsee immer häufiger in Massen auftauchen. Die monströsen, schlabberigen, teils giftigen Schwärme sind die Schreckgespenster aller Badeurlauber. Und mit der Erwärmung der Weltmeere werden wir in Zukunft immer mehr davon haben. Die Frage sollte an dieser Stelle also erlaubt sein: Warum isst man das Problem nicht einfach auf? Quallen sind ja nicht viel mehr als Wasser (98 Prozent). Eigentlich schmecken sie nach nichts. Mariniert mit Sesamöl und gewürzt mit Chili und Koriander, könnten sie zu einem saftigen Proteinsalat werden – nicht Fisch, nicht Fleisch. Und vor zwanzig Jahren noch glaubte ja schließlich auch keiner, dass es heute an jeder Ecke rohen Fisch geben würde.

Der italienische Sternekoch Gennaro Esposito kreierte 2015 bereits auf der Mailänder Expo eine Art Quallencarpaccio mit Büffelmozzarella. Wegen ihres nur leicht salzigen, aber sonst fehlenden Eigenaromas eignen sie sich gut als Geschmacksträger. Sie sind sogar erstaunlich bissfest. In Sojasauce eingelegt werden sie in Japan schon lange als Delikatesse und auch in Indonesien als traditionelle Vorspeise gereicht. Philippinische Feinschmecker schneiden Warzenquallen zu Salat und würzen sie mit Ingwer und viel Knoblauch. Und gesund sind die Medusen auch noch: Sie haben kaum Kalorien, sind frei von Cholesterin oder gesättigten Fetten, aber reich an Proteinen und

Antioxidanzien. Quallen können gekocht, frittiert oder auch entwässert und als knusprige Chips gegessen werden. Unbehandelt bleiben sie höchstens drei Stunden frisch, bald darauf lösen sie sich in eine labberige Pfütze auf. Auf die richtige Zubereitung kommt es also an.

Quallen waren eine der größten Seltsamkeiten der Kindheit – ein im Wasser waberndes Wunderwesen aus Wackelpudding. Vor allem Feuerquallen eilte ein gewisser Ruf voraus. Sie waren schleimiger als Schnecken und giftiger als Schlangen. Sie standen auf einer Stufe mit Vogelspinnen oder Königskobras. Doch kein Tier war und ist so wabbelig und wandlungsfähig wie die Qualle. Im Wasser strahlt sie unendliche Harmonie aus und tanzt wie ein in Zeitlupe schwebender Vorhang sanft und blind vor sich hin, an Schönheit und Eleganz kaum zu überbieten. Ihre außergewöhnliche Anmut lässt uns staunen und uns fürchten zugleich. Gestrandet aber liegt sie hilflos auf dem Trockenen und sieht aus wie ein durchsichtiges, wässriges Häuflein, so kraftlos, so fehl am Platz und trotzdem so widerspenstig. In Kindheitstagen wurde mit einem Stock hineingestochen, um die Geleehaftigkeit zu testen. Und wer den Mut hatte, die außerirdische Masse mit der bloßen Fußsohle zu berühren oder sogar in die Hand zu nehmen, war das furchtloseste Kind am ganzen Strand. Meist sammelten meine Brüder und ich die angespülten, toten Glibberlinge in Eimern und zermanschten sie mit Schaufeln – was für ein herrlicher Schleim!

Mal ehrlich: Mögen Sie Schleim? Niemand mag Schleim! Die allermeisten Menschen finden ihn sogar ziemlich eklig. Schleim ist eine Art Grenzmaterial, schreibt die Biologin Susanne Wedlich in ihrem «Buch vom Schleim»: «Grenzerfahrungen zwischen Gesundheit und Siechtum, Ich und Du, Leben und Auflösung sind alles schleimige Angelegenheiten.» Und auch Monster oder Aliens kommen ja eher selten ohne aus. Er ist zäh, klebt, wirft manchmal Blasen und hat es ganz eindeutig auf uns Menschen abgesehen.

Quallen sind natürlich wahre Schleimspezialisten. Jahrzehntelang aber haben Wissenschaftler diese Tiere so gut wie nicht beachtet. Sie wussten nicht, an welcher Stelle sie die Qualle in der Nahrungskette einordnen sollten, da sie sich im Bauch möglicher Fressfeinde sehr schnell auflöst. Auch ist es nicht so einfach, Quallen in Gefangenschaft zu halten oder im Labor zu züchten, da sie viel Platz und ganz bestimmtes Futter brauchen. Heute sammeln Fischer den Quallenschleim als wertvollen Rohstoff. Erste Studien haben nämlich gezeigt, dass er Mikroplastik binden kann. Die Forscher wollen herausfinden, ob er sich als Biofilter einsetzen lässt. Zwanzig Prozent weniger Mikroplastikpartikel aus Klärwerken und Flüssen könnten so herausgeholt werden, bevor sie im Meer landen. Weiterhin wird untersucht, ob sich Quallen als Futter für Zuchtfische, kompostiert als Dünger für die Landwirtschaft oder als hautstraffende Zutat für Anti-Aging-Cremes eignen.

Für Nachschub scheint jedenfalls gesorgt: Seit Jahren kommt es immer häufiger zu sogenannten Quallenblüten. In Küstengewässern drängen sich schlagartig bis zu 400 Tonnen der Meeresbewohner pro Quadratkilometer. Im Jahr 1999 wurde auf den Philippinen einer dieser gewaltigen Schwärme in das Kühlsystem eines Kohlekraftwerks gesaugt und löste wiederholt Stromausfälle aus. Auch in Schweden musste ein küstennahes Atomkraftwerk verstopfungsbedingt abgeschaltet werden. Die eigentlichen Verursacher dieser bedrohlichen Blüten sind wohl wieder einmal wir, die Menschen: Quallen werden immer mehr, weil es immer weniger Fische gibt, die zu ihren natürlichen Fressfeinden zählen. Thunfische, Schwertfische und weitere Arten sind heillos überfischt. Durch Abwässer und ausgeschwemmte Düngemittel gelangen außerdem Nährstoffe in die Meere, die Mikroalgen wachsen lassen – ein Leckerbissen für alle Quallen. Und auch der Klimawandel scheint die Nesseltiere kaum zu stören, im Gegenteil: Viele Arten sind sehr anpassungsfähig und erhöhen mit steigenden Wassertemperaturen die Zahl ihrer Nachkommen. Selbst in sauerstoffarmen Gewässern überleben sie, da sie in ihrem gallertartigen Körper Sauerstoff speichern können.

Quallen sind die ältesten und giftigsten Tiere der Erde. Seit mehr als 550 Millionen Jahren treiben sie durch die Weltmeere. Dabei bleiben sie voll und ganz der Strömung und dem Wind ausgeliefert – sie sind Nichtschwimmer. Sie haben kein Hirn, kein Herz und kein Rückgrat. Der Mund ist gleichzeitig der After. Doch in ihrem scheinbar einfach gebauten Unkörper, der bei vielen Arten wie ein Sonnenschirm geformt ist, steckt ein raffinierter Bewegungsapparat. Und sie sind bis an die Zähne bewaffnet und schießen mit mikroskopisch kleinen Harpunen auf ihre Opfer. Dafür tasten sie das Wasser mit ihren bis zu 40 Meter langen Tentakeln nach Plankton, Krebsen und Fischen ab. Kommt ein Beutetier mit der Qualle in Kontakt, explodieren die Nesselzellen. Aus jeder wird ein kleiner Schlauch abgefeuert, der sich mit seinen feinen Dornen wie eine Injektionsnadel in das Opfer bohrt und es vergiftet, um es zu töten oder wenigstens zu betäuben. Das alles passiert in weniger als drei Millisekunden und gilt als einer der schnellsten Prozesse in der Natur. Zum Vergleich: Ein menschlicher Wimpernschlag dauert hundert Millisekunden. Für eine Qualle ist es überlebenswichtig, dass die Beute sich nicht mehr bewegt, da sie ihr ja nicht hinterherschwimmen kann. Anschließend befördert die giftige Grazie ihre Beute mit den Mundarmen im Inneren des Schirms zur Fressöffnung.

Andere Quallen, andere Qualen: Die Giftmenge einer einzigen Seewespe, die zu den Würfelquallen zählt und an den pazifischen Stränden Australiens vorkommt, reicht aus, um sage und schreibe 250 Menschen zu töten. Das bislang noch unerforschte Toxin lähmt Nerven und Herz. In Nord- und Ostsee sorgt alleine die Gelbe Haarqualle, auch als Feuerqualle bekannt, für brennende Schmerzen, starke Rötungen und heftiges Unwohlsein. Die anderen bei uns lebenden Arten sind harmlos. Allen voran die tellergroße Ohrenqualle, die an deutschen Stränden häufigste Scheibenqualle, die bis zu einem Pfund wiegen kann und meist gut zu erkennen ist: In ihrer Mitte hat sie vier runde lila Organe, die durch einen milchig-bläulich gefärbten Schirm hindurchscheinen und in ihrer Form an Ohren erinnern.

Gewöhnlich sterben die gallertigen Medusen nach ein bis zwei Jahren. Die Ausnahme ist Turritopsis dohrnii. Die nur fünf Millimeter kleine Qualle lebt im Mittelmeer – und zwar für immer. Sie ist unsterblich und entsteht immer wieder neu:

Dafür lässt sie sich auf den Meeresboden sinken und regeneriert ihre Zellen dort von Grund auf. Sie krempelt ihre schwimmende Geleescheibe so um, dass darauf neue Zellen entstehen können. Bei der Verjüngungskur kehren die alten Zellen in ihr Ausgangsstadium zurück. Wird sie nicht gefressen oder vertrocknet sie nicht an Land, kann sie diesen Prozess beliebig oft wiederholen. Das ewige Leben. Eine einzigartige Fähigkeit in der Tierwelt, von der sich der Mensch dann wohl doch gerne mal eine Scheibe abschneiden würde.

Erste Hilfe

Wer die Nesselzellen einer Feuerqualle berührt hat, sollte zuallererst zurück ans Ufer und sich möglichst ruhig verhalten, da Bewegung die Nesselzellen aktiviert. Betroffene Stellen auf keinen Fall mit Süßwasser oder Alkohol abwaschen, das lässt die Nesselkapseln erst recht explodieren. Besser: Den Nesselschleim mit Meerwasser oder Essig abspülen und Sand auf die betroffene Stelle legen, den man antrocknen lässt und mit einer EC-Karte oder einer Strandschaufel vorsichtig abstreift – und damit auch die Nesselzellen. Bei Atemnot oder Fieber sollte man sofort zum Arzt gehen!

11

HORIZONT

Es gibt ja nicht mehr viele Orte in Deutschland, wo Menschen den Launen der Natur uneingeschränkt ausgesetzt sind, wo die Naturgewalten direkt vor der Haustür wüten und die eigene Winzigkeit einen ohnmächtig machen kann. Genau dorthin bin ich gefahren. Es war ein Tagesausflug. Und schon viel zu lange war ich nicht mehr da gewesen. Eine kurze Reise, die mich weit wegbrachte. In nur vier Stunden in die Einsamkeit.

Zehn Halligen gibt es auf der Welt, alle liegen sie in Schleswig-Holstein. Und wer es nicht weiß: Eine Insel hat Deiche, eine Hallig nicht. Eine Hallig wird überspült, eine Insel nicht. So einfach ist das – wie vieles dort oben, im äußersten Norden Deutschlands, wo jeder jeden duzt und Geheimnisse nicht lange halten, wo klare Verhältnisse herrschen und alles mit dem Lineal gezogen zu sein scheint. Das Sprichwort, dass bereits heute zu sehen ist, wer morgen zu Besuch kommt, müssen sich Leute aus Nordfriesland ausgedacht haben – so flach ist es, so wenig versperrt den Blick.

Die Halligbewohner gelten als sonderbar, eher einsilbig, gar einfältig, als Menschen mit Macken und Marotten. Sie lassen die Leute vom Festland gerne merken, dass diese ihrer Meinung nach zu viel reden. Und nicht jeder ist gemacht für das

Leben mitten im Meer. Wer hier wohnt, wurde hier geboren.
Und wer hergezogen ist, weil ihm der Rhythmus der großen
Städte zu schnell wurde, muss beweisen, dass er hierherpasst.
Die meisten sind vor dem ewigen Gleichlauf der Gezeiten wieder zurück ans Festland geflüchtet. Für den einen sind die Halligen die letzte deutsche Wildnis, für den anderen eine einzige
große Ödnis. «Wir haben viel Zeit zum Nachdenken», hat mir
mal ein gebürtiger Langeneßer erzählt. «Man muss die Tide im
Blut haben. Der Gezeitenkalender ist bei uns wichtiger als die
Bibel.» Denn die Zeit bekommt eine andere Bedeutung, nicht
auszudrücken in Stunden oder Tagen, eher durch den Rhythmus der Nordsee: Ebbe und Flut teilen sich den Tag auf. Das
Wasser kommt und geht zuverlässig nach Fahrplan, kosmisch
präzise. Die Gewissheit, dass man nichts daran ändern kann,
lässt einen entspannter sein.

Nirgendwo passt die Beschreibung Landstrich besser als an
der Nordsee. «Land der Horizonte» hieß ja auch früher mal der
schöne Slogan, der auf den Schildern entlang der Autobahn,
kurz hinter Hamburg, die Reisenden begrüßte. Drei Wörter
bloß, aber sehr treffend. Man bekam sofort ein Gefühl für das
flache Land zwischen den Meeren. Man dachte an Sonnenun-
tergänge und an endlosen Urlaub, spürte Weitsicht und frische
Luft. Man las es und atmete erst einmal tief durch.

Vor ein paar Jahren dann wurden die Schilder ausgetauscht.
Eine neue Werbekampagne sollte dem nördlichen Bundesland
frischen Wind verleihen und gleichzeitig echte Werte vermit-
teln. Unverkennbar sollte diese Marke sein – modern, identi-
tätsstiftend und mit einer ordentlichen Prise norddeutschem

Humor natürlich auch. Der neue Slogan sollte ein Versprechen sein, wie es in der Sprache der Werbemenschen gerne mal heißt. Heute steht an der Autobahn: «Schleswig-Holstein. Der echte Norden.» Man liest es und fragt sich, wo der falsche ist.

Jedenfalls: Wenn über Nordfriesland die Sonne untergeht, kann der Himmel noch immer zum kaum beschreibenden Spektakel werden. Wild verschwimmen die Farben, als wäre ein Tuschkasten umgekippt. Betäubend ist das Licht. Es tanzen Riesen und Zwerge. Atompilze, Raumschiffe und Wolkenmonster. Kondensstreifen sind Laserstrahlen. Alles wie im Kino. Endlos weit ist diese friesische Leinwand. So weit, wie der Himmel sonst nur über dem Meer ist. Und das eingedeichte, baumlose Land, das mal Meer war, duckt sich weg. Es geht in Deckung vor dem Schauspiel da oben, unter dem alles klein wird und winzig wirkt, unter dem alles zu verschwinden scheint.

Alles hängt mit allem zusammen in Nordfriesland. Der Himmel, das Meer, der Wind. Die Inseln, die Halligen und das vom Wasser freigegebene Land: das Watt. Nur geliehen. Zweimal täglich. Die Deiche und die Schafe, die im Abendlicht wie rosa Zuckerwatte leuchten. Die Vogelschwärme und die Salzwiesen. Und irgendwo auch Menschen. Auf Augenhöhe mit dem Meer. So ist das hier oben, im Land der blankgescheuerten Backsteinhäuschen und mächtigen Bauernhöfe. Es ist das Polderland, wo Wege ans Meer immer über Deiche führen. Es sind die Wälle gegen das Wasser, die für klare Verhältnisse sorgen. Sie teilen die Landschaft und das Leben. Zwischen Land und Land unter. Und die Menschen von der Küste haben viele kluge

Sätze dafür, die alle ein bisschen so klingen wie ein Slogan oder der Spruch vom Kalenderblatt November. Einer geht so: «Kein Deich, kein Land, kein Leben.» Das ist der friesische Dreiklang.

Schon über viele Kilometer sind die Dörfer in der leeren Landschaft zu sehen. Nichts verstellt den Blick. Kirchtürme und Windräder als Wegmarken helfen, sich zu orientieren. Wenige Meter über Normalnull. Höher hinauf geht es nirgendwo. Bis zu 40-mal im Jahr werden auch die Halligen überspült. Die Salzwiesen verschwinden. Einzig die Warften, die aufgeschütteten Erdhügel, auf denen die Häuser geschützt vor den Fluten stehen, ragen dann wie Trutzburgen der Einsamkeit aus der graublauen Nordsee. Schafe, Kühe und Menschen müssen auf den Höfen in Sicherheit gebracht werden. Das Leben schrumpft auf ein paar Meter zusammen. Der «Blanke Hans» umarmt dich und lässt für Stunden nicht mehr los. Der Tag macht Pause.

Es ist grau. Es ist platt. Weder Land noch Meer, sondern beides. Und mit jeder Ebbe und mit jeder Flut verwandelt sich diese weltweit einzigartige Schlicklandschaft aufs Neue. Es gibt Menschen, die kommen jedes Jahr an die Nordsee, nur um im Watt zu wandern. Barfuß bis zum Horizont. In unendlich scheinender Weite. 2009 hat die Unesco das deutsche und das niederländische Wattenmeer zum Weltnaturerbe erklärt. 2014 folgte der dänische Teil. Damit steht das Nordseewatt in einer Reihe mit dem Great Barrier Reef, den Galapagosinseln oder dem Grand Canyon.

«Wer im Watt keine Angst hat, überlebt nicht lange», sagen die Menschen von der Küste. Und immer wieder geraten selbst erfahrende Wattführer mit ihren Wandergruppen in bedrohliche Situationen, da sie die Zeichen der Natur falsch einschätzen oder diese plötzlich verrücktspielt. Dann sind sie eingeschlossen von der auflaufenden See, verloren zwischen Ebbe und Flut. Und das Meer kommt näher und steigt unaufhaltbar Zentimeter um Zentimeter. Wie im Juni 2020, als drei bis zum Bauch im Wasser versunkene Männer in einer dramatischen Rettungsaktion an der Elbmündung bei Neufeld in Schleswig-Holstein geborgen werden mussten. Nur dank ihrer Handy-Taschenlampen und eines privaten Rettungshubschraubers konnten sie in der Dunkelheit gefunden und vor dem Ertrinken bewahrt werden. Das Trio war zuvor mit seinem Boot havariert und hatte versucht, zu Fuß das Land zu erreichen. Dabei versanken sie im Schlick und konnten sich nicht mehr selbständig befreien.

Manch einer sagt, die Nordfriesen haben die Deiche gebaut, um einen besseren Überblick zu bekommen. Stur und etwas verschlossen, abwartend und von stiller Freundlichkeit sollen sie sein. Friesisch herb eben. So erzählt man es sich. Ob dem wirklich so ist, kann jeder nur selber herausfinden. Was ganz sicher stimmt: Man muss hier etwas lauter reden, damit man gehört wird, denn schnell werden Worte vom Wind verrauscht. Und es gibt Tage, da geraten selbst die stämmigsten Nordmänner ins Wanken. Wenn Winde mit manchmal mehr als dreißig Metern pro Sekunde über das Land fegen und das meterhohe Schilf und Zäune flach am Boden liegen, sammelt sich eine weiße Kruste auf den Fenstern. Die Häuser werden salzblind. Dann muss man sich gegen den Sturm stemmen, um das Gleichgewicht zu halten. Doch besser noch geht man hinein und trinkt dann einen Eiergrog, ein hochprozentiges Küstengetränk aus Rum, Zucker, Eigelb und kochend heißem Wasser. Oder zwei. Und dann wissen Sie auch, woher der Ausdruck «groggy sein» kommt und was er bedeutet.

12

SEEPOCHE

Oftmals sind es ja die kleinen Geschichten, die am Ende am meisten erzählen, und manchmal bleiben sie einem noch Jahre später in bester Erinnerung. Also, bitte sehr: Wissen Sie eigentlich noch, wann Sie das letzte Mal einen Anhalter mitgenommen haben? Bei mir liegt das nur wenige Monate zurück. Und um ehrlich zu sein, war ich sehr überrascht, hatte ich doch gedacht, die Tramper wären längst ausgestorben – aber es gibt sie wirklich noch: Es war ein junger Mann aus Marseille, der in Hamburg Arbeit gefunden hatte. Ich nahm ihn mit bis zum nächsten Bahnhof. Während der Fahrt sprachen wir über das Mittelmeer und die Sonne, und dass wir nun beide gerne den norddeutschen Sommer gegen fünf Minuten in Südfrankreich eingetauscht hätten. Dann war er auch schon wieder ausgestiegen und verschwunden. Merci, bonne chance und au revoir!

Aber sogleich waren die vielen Anhalterinnen und Anhalter wieder da, die ich auf meinen Reisen durch Europa in den letzten 25 Jahren kennengelernt hatte. Ich habe einen alten VW-Bus, müssen Sie wissen, der bei Trampern immer viel Aufmerksamkeit erregt. Manche erwarten geradezu, dass man sie einsteigen lässt, weil man ja genug Platz hat. Für die, die per Anhalter reisen, gibt es nur zwei Sorten von Autofahrern: die,

die vorbeifahren – die Bösen. Und die, die anhalten – die Guten. Nicht selten konnte ich im Rückspiegel sehen, wie sich der freundliche Daumen in einen ausgestreckten Mittelfinger verwandelte. Und auch wenn diese Begegnungen oft nur wenige Augenblicke dauerten, entwickelten sich oft die spannendsten Momente und Gespräche. Wie mit den drei spanischen Musikern aus der Nähe von Valencia: Sie hatten mitten im Nirgendwo an einer gottverlassenen Landstraße gestanden und winkten bereits voller Vorfreude, als sie meinen blauen Bulli sahen. Zum nächsten Strand sollte es gehen. Während der kurzen Fahrt – ich werde es nie vergessen – kreiste die Tequilaflasche, und sie spielten mir gleich mehrere Ständchen, darunter die deutsche Nationalhymne.

Warum ich das alles überhaupt schreibe: Auf meinem Schreibtisch steht eine Champagnerflasche. Sie ist aus dickem, braunem Glas. Der Korken steckt noch drauf. Die Erinnerung an einen Ausflug an die Ostsee; vor Jahren hatte ich sie am Strand gefunden, ohne Etikett. Leider auch ohne Inhalt. Im Bauch der Flasche schwappt aber noch heute etwas Meerwasser. Und von außen ist sie dicht bewachsen und übersät mit seltsamen Dingern, die aussehen wie eine urzeitliche, pickelige Kruste. Diese kleinen, steinharten, kegelförmigen, weißen Gebilde, an denen man sich leicht die Füße aufschneidet, wenn man drauftritt, sind die Anhalter der Meere: Balanus improvisus, die Brackwasser-Seepocke. Eine Rankenfußkrebsart (Cirripedia), die gleichermaßen im flachen Wasser und bis in 40 Meter Tiefe lebt und vor allem dort vorkommt, wo der Salzgehalt eher gering ist, wie in weiten Teilen der Ostsee.

Was meine Champagnerflasche auch für Wissenschaftler interessant macht, ist die Tatsache, dass Organismen den Müll des Meeres gerne als Transportmittel nutzen. Feste Oberflächen sind bei Algen und Bakterien, aber auch bei Tieren wie Muscheln und eben Seepocken sehr beliebt. Eine Flasche oder Boje, die viele Monate oder gar Jahre unterwegs ist, bekommt irgendwann blinde Passagiere, die sich auf ihr niederlassen und wachsen. Ob Glas oder Plastik, das ist den Krebsen aber egal. Und auch auf Meeresschnecken oder Miesmuscheln sitzen die dreisten Mitfahrer. Seepocken sind wie Gäste, die nicht eingeladen waren, aber trotzdem kommen und sich wortlos am Buffet bedienen, ohne ein Geschenk dabeizuhaben. Sie sind hartnäckig und lästig. Man wird sie nie wieder los.

Und man könnte auch meinen, Seepocken seien die langweiligsten Tiere überhaupt. Sie kleben an allem, was ihnen über den Weg schwimmt, und tun ihr Leben lang nichts anderes, als mit ihren dünnen Rankenfüßchen das Wasser nach winzigen Meeresorganismen und abgestorbenen Pflanzenteilen zu durchkämmen. Vor Jahren besuchte ich für eines meiner Bücher einen Kieler Wissenschaftler, Mark Lenz vom GEOMAR Helmholtz-Zentrum für Ozeanforschung. Seit 2002 ist er Meeresbiologe. Ich habe damals viel über Seepocken gelernt. Wie zum Beispiel, dass sie, relativ betrachtet, den längsten Penis aller Tiere dieses Planeten besitzen, dass sie in allen Weltmeeren und Ozeanen Artverwandte haben, dass sie Zwitter sind und sich gegenseitig befruchten. Und dass das eigentliche Lebewesen in der hellen Kalkschale wohnt, die für Seepocken wie das Haus für die Schnecke ist. Jungtiere schwimmen noch als winzige, durchsichtige Krebse im Wasser. Werden sie älter, suchen sie sich einen festen Platz und beginnen mit dem Bau ihrer Kalkplattenbausiedlung. Haben sie sich mal für einen Ort entschieden, können sie aus ihrem Häuschen allerdings nicht mehr ausziehen. Sie sitzen fest und bleiben Anhalter auf Lebenszeit. Unverrückbar.

Auch Charles Darwin verbrachte übrigens einen Großteil seines Lebens damit, Seepocken aus aller Welt zu erforschen. Seine Hingabe für den ihn so begeisternden Rankenfüßer sollte ihn allerdings viel länger vereinnahmen, als es ihm lieb war. Aus einem Jahr, das er für die Studien der Seepocke geplant hatte, wurden fast zehn. Die Monographie zur Systematik der Seepockenverwandtschaft gehört bis heute zu seinen wichtigsten zoologischen Beiträgen überhaupt. Was wie ein abseitiger Ausflug oder gar ein zeitraubender Umweg wirken könnte, brachte Darwin unmittelbar zum Kern seiner Abstammungstheorie und ließ ihn erst das Rätsel um die Entstehung der Arten lösen.

Obwohl der große Biologe es zunächst genoss, statt mit Papier und Feder endlich mit Skalpell und Mikroskop zu hantieren, litt die Liebe zu diesen eigenartigen Tieren auf Dauer doch: «Ich hasse Seepocken wie kein Mensch zuvor, nicht einmal ein Matrose auf einem Segelschiff», schrieb er 1852 an einen Verwandten. Und beklagte dabei immer wieder, dass er sein großes Vorhaben, endlich die Notizen zur Veränderlichkeit der Arten zu systematisieren, ständig aufschieben müsse – wegen diesen «missgebildeten kleinen Ungeheuern».

Haben Sie zufälligerweise ein Segelboot? Und sind Sie damit

regelmäßig auf der Ostsee unterwegs? Dann kennen Sie Balanus improvisus, jede Wette. Ihr Bewuchs auf Schiffsrümpfen und glatten Bootsplanken bremst die Fahrt und erhöht den Treibstoffverbrauch merklich. Der Schaden, der der weltweiten Schifffahrt durch das sogenannte Marine Fouling entsteht, wird auf über 200 Milliarden Dollar jährlich geschätzt. Denn hat sich eine Seepocke einmal auf einem Stein, einer Muschel, einem Wal oder einer Holzplanke niedergelassen, bleibt sie dort ihr Leben lang: Der Leim hält stärker als jeder andere Klebstoff der Natur. Selbst die Gezeiten oder der stärkste Sturm lösen die Seepocke nun nicht mehr. Sie hat sich mit einem ausgeklügelten Zement festgeheftet. Dafür scheidet sie eine klare Flüssigkeit mit zwei Komponenten aus. Zunächst einen Tropfen eines öligen Vorfilms, der das Wasser vom Haftgrund verdrängt. Dann ein sogenanntes Phosphoprotein. Beides vermischt sich – und fertig ist der Superkleber.

Ein ganzes Jahrhundert und länger hatten Forscher versucht, das Geheimnis dieses Zweikomponentenklebstoffes zu entschlüsseln. Erst vor wenigen Jahren fanden britische Wissenschaftler den vielversprechenden Ansatz, der die Entwicklung neuer biologischer Kleber voranbringen könnte. Und wer weiß, vielleicht werden diese ja eines Tages auch innerhalb des menschlichen Körpers für Implantate oder in mikroelektronischen Bauteilen funktionieren.

Einmal, an einem einsamen Strand in Lettland, entdeckte ich einen klobigen, dicht von Seepocken bewachsenen Schuh, Größe 43. Einer der letzten Stürme hatte ihn weit an Land geworfen, bis fast in den Schilfgürtel hinein. Es war einer dieser ohnehin schon schweren Sicherheitsstiefel, wie sie gerne von Seeleuten oder Arbeitern auf Bohrinseln getragen werden, mit Stahlkappe, Stahlzwischensohle und besonders hohem Schaft. Jeden Millimeter hatten die Krebse für sich in Anspruch genommen. Eine improvisierte Balanus-Party allererster Güte! Der Schuh muss kopfüber im Meer getrieben sein, denn einzig die Sohle war seepockenfrei geblieben. Und: Er war noch immer zweifelsfrei als Schuh zu erkennen. Leider fand ich nur den rechten. Ein Unikat. Ein Kunstwerk. Falls jemand den linken zu Hause hat, bitte mal melden …

FLASCHENPOST

Es gibt Sachen, die nur Kinder machen: Auf einer Autobahn-brücke stehen und winken. Kaugummis am Automaten an der Ecke ziehen. Einen Wunschzettel an den Weihnachtsmann schicken. Oder Briefchen schreiben, die man kleingefaltet und nassgeschwitzt seiner großen Liebe zusteckt. Darauf die alles entscheidende Frage: *Willst du mit mir gehen?* Gleich darunter die möglichen Antworten mit den Kästchen zum Ankreuzen: *Ja. Nein. Vielleicht. Weiß nicht.*

Auch eine Flaschenpost gehört zu den Ideen, auf die bloß Kinder kommen können. Dachte ich jedenfalls immer. Genauer gesagt glaubte ich das bis zum 26. Juni 2008. Damals fuhr ich mit meinem alten VW-Bus von Land zu Land. Viel Zeit und kein Ziel. Europa ohne Ende. Das war der Plan. Nach der Reise wurde sogar ein Buch daraus, mit Geschichten von Menschen, die mir in 20 Monaten begegnet waren.

Einen dieser Menschen traf ich an besagtem Tag Ende Juni in einem Dörfchen namens Nida. Ich war gerade von Litauen nach Lettland gefahren und hinter der Grenze auf die erste Sandpiste in Richtung Meer abgebogen. Eigentlich suchte ich nicht mehr als einen ruhigen Schlafplatz, doch dann kam ich an einem mit Treibgut bunt geschmückten Garten vorbei, der eigentlich kein

Garten war, sondern eine große Galerie. Gefüllt mit aus Müll gebauten Kunstwerken. Hier lernte ich eine weißhaarige Frau Mitte sechzig kennen. Und mit Biruta Kerve fing alles an.

Denn am Strand vor ihrer Haustür hatte sie nicht nur viel Plastik und Treibholz gesammelt. Sie hatte auch reichlich Flaschenpost gefunden. Liebesbriefe und Urlaubsgrüße. Zettel voll Wut und Bitterkeit. Nicht ernst gemeinte Hilferufe, Gedichte und kleine Malereien. 35 Briefe aus der Ostsee. Einige von Kindern. Die meisten von Erwachsenen. Biruta hatte allerdings nie Antworten geschrieben. Sie sprach kein Englisch und kaum Deutsch. Sie hatte kein Telefon und keinen Computer. Aber sie verwahrte diese Fundstücke vieler Jahre wie einen Schatz.

Also machte ich mich daran, den Absendern vom Fund ihrer Flaschenpost zu erzählen. Ich telefonierte, schrieb Karten, tippte weit über 500 E-Mails. Ein reger Schriftverkehr entspann sich. Ich wollte wissen, was für Menschen dahintersteckten, was für Geschichten sie erzählen konnten. Einige Botschaften blieben Briefgeheimnisse, da die Schreiber nicht mehr zu erreichen waren. Manche der Kinder von damals waren längst erwachsen und hatten selber Kinder.

Zwei Jahre fuhr ich immer wieder in die verschiedenen Ostseeländer, um diese Menschen zu treffen. Und die Recherche nahm ungeahnte Ausmaße an: Denn eine der Nachrichten kam von Thomas, der auf Rügen lebt. Er verschickt regelmäßig Flaschenpost, das ist sein Hobby. Dreißig Antworten hat er schon bekommen. Eine von Mogens, einem dänischen Strandpolizisten von der Insel Bornholm, der seit 1971 mehr als 200

verkorkte Postwurfsendungen gefunden hat, viele davon noch aus der DDR.

So lernte ich weitere Schreiber kennen: Eine junge Dänin, die sechs Sprachen spricht und in Tansania eine zweite Heimat gefunden hat. Einen Schriftsteller aus Malmö, der in den 1990er Jahren seinen Herzenswunsch in eine Flasche steckte und auf die Reise schickte: Er wollte Schriftsteller werden. Einen Meeresbiologen aus der Ukraine, der auf seinen Forschungsfahrten in aller Welt schon mehr als zweihundertmal Flaschenpost geschrieben und diese mit Seriennummern versehen hatte. Oder eine holländische Schulklasse, deren Flasche auf kuriosem Wege von Rotterdam nach England, durch Nord- und Ostsee bis nach Lettland wanderte. Darin auch der Wunsch eines Jungen mit den wohl größten Dingen, die sich ein Zehnjähriger vorstellen kann: *Star Wars und Weltfrieden*.

Am Ende hatte ich eine Auswahl von fast fünfhundert Briefen. Die meisten gut lesbar, nur wenige von der Sonne ausgeblichen oder vom Salzwasser zersetzt. Ein roter Faden spann sich kreuz und quer durch die Ostsee. Ein soziales Netzwerk. Denn alle diese Menschen sind als Absender und Finder über zwei oder drei Ecken miteinander verbunden. Geschichten, die das Meer schreibt: Flaschenpostgeschichten.

Wie die von Arne, einem bärtigen Fischer, der auf einer winzigen Insel in Südschweden lebt. Er hat vier Nachbarn und fährt nur ans Festland, wenn es unbedingt sein muss. Und wenn er zurückkommt, ist er froh, wieder zu Hause zu sein. Arne hat seinen Platz im Leben gefunden. Er hat auch schon mehr als hundert Flaschen mit Post gesammelt. Vor Jahren mal war eine

von Thomas aus Deutschland dabei. Und auch das ist eine Verbindung in diesem Buch: Ich treffe eine Frau in Lettland, die
mir eine Flaschenpost aus Deutschland zeigt, deren Schreiber
mir von einem schwedischen Fischer erzählt. Manchmal ist es
gut, sich von zufälligen Begegnungen leiten zu lassen.

In Zeiten von Passwörtern und Profilbildern, wo alle stets er-
reich-, aber niemals greifbar sind, wo man 245 beste Freunde
hat und an allen Ecken gelikt, gelöscht oder entfolgt wird, wirkt
eine Flaschenpost wie aus einer anderen Welt. Wie ein Selfie
aus der Steinzeit. Denn sie tut das, was wir uns heute nicht
mehr leisten zu können glauben: Sie lässt sich Zeit. Manchmal nur ein paar Tage, meist viele Jahre, oft für immer. Wobei,
manchmal kann auch schon ein Paket, das man kurz vor Weih-
nachten zur Post bringt, zum Abenteuer werden.

Vor Jahren mal wollte ich ein Päckchen an einen guten
Freund schicken. Darin lauter kleine Kostbarkeiten, die ich
nicht mehr brauchte, die aber einen gewissen Wert hatten und
im Internet sicher Höchstpreise erzielt hätten. Wie zum Beispiel noch originalverpacktes goldenes Lametta aus dem Jahr
1982. Es war richtig gutes Lametta, feine Fäden, die trotzdem
schwer genug waren, um auch wirklich hängen zu bleiben.
Oder eine stark verstaubte Kassette mit Polkamusik aus dem
Jahr 1986. Eine Dose Labskaus aus dem Vorratskeller meiner
Eltern, das Mindesthaltbarkeitsdatum war abgelaufen, als es
im Fernsehen noch drei Programme und Sendeschluss gab.
Sogar einen langen Zopf, den ich mir viele Jahre zuvor abge-
schnitten, in eine Schublade gelegt und vergessen hatte, packte
ich in den Karton.

Das Paket kam nie an. Ich brachte es zur Post, und es verschwand. Bis heute frage ich mich, wo das Lametta und der
Labskaus geblieben sind und was derjenige, der das Päckchen
öffnete, wohl dachte, als er meine Haare sah. Er wird sich ge-
wundert haben, so viel ist sicher. Vielleicht wird er sich sogar
geärgert haben. Es waren ja auch 500 Lose von der Kirmestom-
bola beigelegt – alles Nieten.

Es gibt Menschen, die ihre Kontoauszüge schreddern und in
Plastikflaschen stecken, um sie meistbietend bei Ebay zu ver-
steigern. Dazu der Hinweis: *Wollten Sie nicht immer schon mal
etwas völlig Verrücktes kaufen?* Und es gibt Menschen, die dafür
2,99 Euro ausgeben. Plus 2,50 Euro Versand. Früher gab es
so etwas nicht. Und früher war die Ostsee das, was den Osten
vom Westen trennte. Heute verbindet sie. Früher schrieb man
«privat» auf einen Brief, wenn man sichergehen wollte, dass er
nicht auch von anderen gelesen werden sollte. Heute schreibt
kaum noch jemand Briefe. Auch Zeitungsannoncen, in denen
Brieffreunde gesucht werden, sind verschwunden. Es sind
keine Telefonzellen mehr da. Das Klick und Klack der Schreib-
maschinen ist verklungen. Selbst Zeitungen und Bücher kämp-
fen ums Überleben.

Doch auch heute findet man sie noch: Die Dinge, die irgend-
wie schon immer da waren und einfach nicht verloren gehen
wollen. Visitenkarten zum Beispiel, die noch griffbereit sind,
wenn das Smartphone längst den Geist aufgegeben hat. Oder
eine Flaschenpost natürlich, die schon da war, als Frauen und
Männer noch Kinder waren. Die heute noch da ist, wenn ge-

stresste Männer und Frauen wieder wie Kinder sein wollen. Denn eine Flaschenpost ist zeitlos. Das habe ich in den Jahren der Recherche zu diesem Buch gelernt. Und das Meer, so hat es Arne, der schwedische Fischer, mir erzählt – ich glaube ihm, denn er muss es ja wissen –, «das Meer», sagte er, «das kennt keine Wege. Es kennt bloß Richtungen.»

Flaschenposttagebuch

....

Wann verschickt:

Wo:

Was für eine Flasche:

Wetter:

Welche Nachricht:

Wann verschickt:

Wo:

Was für eine Flasche:

Wetter:

Welche Nachricht:

RETTUNGSRING

Versuchen Sie sich mal Folgendes vorzustellen: Sie stehen an Deck eines Schiffes. Schwere See. Starker Wellengang. Der glitschige Boden schwankt unter Ihren Füßen. Und plötzlich taumeln Sie und stolpern rückwärts. Sie greifen nach der Reling, verfehlen diese aber um wenige Zentimeter und gehen über Bord. Das eiskalte Meer trifft Sie wie ein Schlag ins Gesicht. Sie gehen unter, schlucken Wasser, tauchen wieder auf. Sie husten. Sie strampeln mit den Beinen, rudern mit den Armen. Sie schreien. Doch niemand ist da, der Sie hören könnte, Sie sind alleine im Auf und Ab der Wellen. Dann aber passiert es: Neben Ihnen klatscht ein Rettungsring ins Wasser. Sie bekommen ihn zu fassen, gleiten hinein und werden ruhiger. Er hält Sie über Wasser und für diesen Moment am Leben.

Kaum eine Notlage hat wohl eine erschreckendere Wirkung, als wenn ein Mensch über Bord geht. Seit Beginn der Seefahrt versuchen wir, Schiffe sicherer zu machen, doch das Meer scheint stets überlegen. So wie in der Nacht des 28. September 1994, als sich die *Estonia* auf halber Strecke von Tallinn nach Stockholm befand. Es war gegen Viertel nach eins, als in schwerer See die Bugklappe brach und den Fluten das Tor öffnete. Nur 15 Minuten später riss der Funkkontakt ab. Die Passagierfähre verschwand von den Radarschirmen.

Es gibt Tage, an die man sich sein Leben lang erinnern wird: Wo waren Sie am 11. September 2001? Wo, als die Mauer fiel? Wo erfuhren Sie, dass Lady Diana verunglückt war? Mein Freund Mogens, inzwischen über achtzig, der auf der dänischen Insel Bornholm mitten in der Ostsee lebt, weiß noch sehr genau, wo er an jenem 28. September 1994 vom Untergang der Estonia hörte. Er renovierte gerade sein Haus, stand auf einer Leiter im Wohnzimmer und strich die Wand. Ihm wäre fast der Pinsel aus der Hand gefallen, als die Meldung im Radio kam. Die Frage, die er sich seither immer wieder stellt: Wie konnte eine derart furchtbare Tragödie in moderner Zeit passieren?

Bis heute gibt es mehr Fragen als Antworten. Es gibt viele Gerüchte und Spekulationen. Von Bomben an Bord und einem Attentat ist die Rede. Von Waffentransporten und Drogenschmuggel. Von Geheimdiensten, die verwickelt gewesen sein sollen. Jeder scheint seine eigene Erklärung gefunden zu haben. Doch niemand kennt die genaue Ursache der Katastrophe. Mogens glaubt, dass die Estonia nicht mehr seetüchtig war und längst hätte überholt werden müssen. Der Kapitän fuhr außerdem viel zu schnell und drosselte selbst bei heftigem Seegang die Fahrt nicht, weil er eine Verspätung aufholen wollte. Aber wirklich wissen kann Mogens das natürlich auch nicht.

Wenn es allerdings jemanden gibt, auf den das Wort Strandsammler passt, dann ist es Mogens, der schon sein gesamtes Leben am Meer verbringt und jeden Tag losläuft, um zu gucken, was die Ostsee Wertvolles oder Schönes gebracht haben könnte.

Er hat schon viele Rettungsreifen gefunden. Man könnte fast sagen, er ist der Herr der Ringe. Sie hängen in seinem Garten, aufgereiht an der rotbraunen Bretterwand des Carports. Weißrote und orangefarbene sind dabei, darauf die Namen der Schiffe: *Jens Kofoed* und *Nordkap*. *Finnhansa* oder *Jotum*. Hinter jedem Ring steckt eine Geschichte. Sie erzählen von Rettern und Geretteten. Und Ertrunkenen.

An die Backsteinwand seines Hauses hat Mogens einen roten Ring genagelt. Fast einsam hängt er da. Er hat ihn eines Tages in der Nähe der Schule gefunden, gleich seinem Haus gegenüber am felsigen Strand. Keine 200 Meter sind das. Er weiß noch, wie ihm kurz die Luft wegblieb, so sehr erschrak er damals, als er die schwarzen Buchstaben las: ESTONIA. Einen Monat nach dem Unglück war das. Die Tage zuvor hatte ein starker Ostwind geweht. Ein Reifen, der Leben retten sollte, es aber nicht tat. Mogens weiß, dass dieser Ring dabei war, als sich eine der größten Tragödien in der Ostsee seit dem Krieg abspielte. Er weiß, dass sich Menschen daran klammerten, um ihr Leben schwammen und diesen Kampf vermutlich verloren. 137 überlebten damals. 852 starben. Nur 94 wurden geborgen. Und noch heute – mehr als 25 Jahre später – werden immer wieder der Gegenstände angeschwemmt, die von der *Estonia* stammen, die in knapp 70 Metern Tiefe auf dem Grund der Ostsee liegt.

Er hängt in Schwimmbädern, an Flussufern und zur Dekoration in Wohnzimmern und Vorgärten. Ein maritimes Vorzeigesymbol. Er gibt einem das Gefühl von Sicherheit. Doch wissen Sie eigentlich, wer den Rettungsring erfunden hat? Ich auch nicht! Das weiß keiner so genau. Tatsächlich werden aber

wieder einmal dem Universalgenie Leonardo da Vinci (1452 bis 1519) erste Überlegungen zugeschrieben, wie mit einem schwimmenden Reifen Leben zu retten seien. In einem seiner Skizzenbücher finden sich Entwürfe für Taucheranzüge, für Bojenschuhe, mit denen man übers Wasser laufen sollte, und für einen Rettungsring. Dieser sollte aus Leder gefertigt werden und aufblasbar sein. Dazu schrieb da Vinci: «Wenn du dann ins Meer springen musst, so blase die Schöße deines Gewandes durch die Säume an der Brust auf, springe hinein und lasse dich von den Wellen treiben.»

Leonardo da Vinci hatte aber nicht nur an die Rettung durch den Ring, sondern auch gleich ein Stückchen weitergedacht: Die Luft im Reifen sollte im Notfall als Atemluft genutzt werden können. Der italienische Ingenieur Mariano di Jacopo (1381 bis 1453) hatte bereits ein ähnliches Gerät entwickelt, es aber nicht so weit ausgearbeitet wie in da Vincis Zeichnungen. Einer praktischen Umsetzung näher kam der britische Wissenschaftler John Wilkinson, der sich 1765 mit der «eigentümlichen Schwimmkraft des Korkes» und «deren Veränderung durch das Eintauchen in Fluß- und See-Wasser» befasste. Er bemerkte, dass «dieselbe Quantität Kork, die einen fetten oder recht dicken Menschen im Wasser erhält, gar nicht zureicht, einen mageren zu erhalten, wenn sie beide schon in der Luft gleiches Gewicht haben».

Doch erst Mitte des 19. Jahrhunderts kam der moderne Rettungsring regelmäßig zum Einsatz. Der britische Leutnant Thomas Kisbee brach 1842 zu einer abenteuerlichen Mission auf. Mit dem Dampfschiff HMS Driver und 175 Mann Besatzung fuhr er fast fünf Jahre um die Welt. Er hatte – als Erster überhaupt – Rettungsringe in großer Zahl an Bord. Wenige Jahre später übernahm die Royal National Lifeboat Institution, die britische Seenotrettungsorganisation, den «Kisbee Ring» als Standardausrüstung. Der runde Retter ging in Serie, aufwendig aus Kork hergestellt: Arbeiter mussten die Rinden zunächst in großen Becken einweichen, um sie biegsam zu machen. Die Korkstreifen wurden mit Holzkeilen an einem Eisenring befestigt, geformt und rundgeraspelt. Schließlich verpassten Näherinnen den Reifen einen Bezug, Belegbänder und Greifleinen. Um 1950 dann wurde Kork von Styropor abgelöst, das deutlich schneller zu verarbeiten und weniger teuer war. Und heute? Längst machen Maschinen in China die schwimmenden Lebensretter. Dafür werden zwei Halbschalen aus grellorangefarbenem Hartplastik gegossen und zusammengeklebt. Das Material ist stabiler als Kork und Styropor und um einiges leichter, hat den besseren Auftrieb und ist in der Produktion entscheidend billiger. In zwei Stunden ist ein Ring fertig. Im Einkauf kostet er weniger als zehn Euro.

Und nach aller Historie und Ernsthaftigkeit nun noch etwas aus der Kategorie Verdolmetschung – so heißt es auf einer englischen Website, wohl nicht ganz richtig ins Deutsche übersetzt: «Die britische Royal Life Saving Society betrachtet Rettungsringe ungeeignet für den Einsatz in Schwimmbädern, weil das Werfen in einen belebten Pool den Unfall verletzen könnte. An diesen Orten wurden Rettungsringe daher durch eine Torpedobohne ersetzt.» Rette sich, wer kann!

MÜLL

Gerade erst, vor wenigen Wochen, habe ich eine dieser Tagesschauen von vor zwanzig Jahren gesehen. Kennen Sie die Sendungen von damals, die meist sehr spät in der Nacht wiederholt werden? Es sind fünfzehnminütige Reisen in die Vergangenheit. Wie sah die Welt damals aus? Was für Farben und Muster hatten die Krawatten und Kostüme der Sprecherinnen und Sprecher? Alles so anders, so fremdartig. Nur die Nachrichten waren nahezu identisch. Viel Elend. Viel Politik. Viel Krieg. Als stecke man in einer nicht enden wollenden Schleife aus Wiederholungen fest.

In der besagten 20-Uhr-Ausgabe aus der Konserve ging es um das illegale Abholzen des Regenwaldes am Amazonas. Politiker versprachen hoch und heilig, Deutschland werde nun endlich alle Anstrengungen unternehmen, das Internet nicht nur schneller zu machen, sondern auch in alle – wirklich alle – Dörfer zu bringen. Und es ging um den Klimawandel und die Ozeane dieser Welt. Worte wie Überfischung fielen, steigende Meeresspiegel und Plastikmüll. Man hätte die Nachrichten auch heute senden können. Und wäre die Mode vor zwei Jahrzehnten nicht so auffallend bedauerlich und so gänzlich anders gewesen, würde den Unterschied auch kaum einer merken.

Mein erster Gedanke war: Und wieder haben wir zwanzig Jahre verschenkt. Und ich befürchte, man muss noch einen Schritt weitergehen: Wir Menschen sind mit unfassbar großem Abstand die dümmsten Säugetiere, die auf diesem Planeten leben dürfen. Und ja, es ist kaum vorstellbar, aber wahr: Noch immer gibt es Leute, die ernsthaft glauben, dass all die Dinge, die sie ins Meer schmeißen, weg sind. Aus den Augen, aus dem Sinn. Und dann fahren sie in den langersehnten Jahresurlaub und planschen in Plastik.

Ich möchte Ihnen ja nicht die Ferien verderben, aber es ist leider nicht übertrieben, die Ostsee die größte Müllkippe Europas zu nennen. Wer wissen will, wie es dem Mare Balticum wirklich geht, braucht bloß nach einem Herbststurm an einen x-beliebigen Strand in Lettland, in Polen oder in Kaliningrad zu gehen. Dort findet sich alles, was andere nicht mehr brauchen. Und die Phantasie wird nicht ausreichen, um sich auszumalen, was da alles an Land gespült wurde und nun halb im Sand steckt: Neonröhren, Duschhauben, Regenschirmgriffe. Klobürsten, Glühbirnen, Zahnprothesen. Lkw-Reifen, Kühlschränke, Bürostühle. Wäre die Ostsee ein Mensch, sie müsste den ganzen Tag schreien.

In einem verlassenen lettischen Dorf an der Grenze zu Litauen entdeckte ich vor ein paar Jahren den Ihnen bereits bekannten Garten einer älteren Frau, die alles sammelte, was Wind und Wellen vor ihre Haustür trugen. Wer ihren Hof betrat, fühlte sich wie in der bunten Traumwelt von Alice im Wunderland: Bunte Plastikflaschen blühten an Sträuchern. Aus Plastikrohren hatte sie Torbögen gebaut, aus halben Bojen

Windräder. Eine große Holzkiste war gefüllt mit Hunderten Zahnbürsten, die sie auf ihren täglichen Strandspaziergängen gefunden hatte. Flaschenverschlüsse in allen Farben verschönerten ihren Hühnerstall. Dazu Feuerlöscher, Kühlschränke, Wasserkocher, Kaffeemaschinen, Fernseher. Hölzerne Kraken und andere Müllmonster bevölkerten das riesige Areal hinter der Düne. Der Müll hatte eine neue Bedeutung bekommen. Er musste nicht verschwinden, er durfte bleiben. Durfte ausnahmsweise schön sein und ein bisschen verrückt. «Würde ich die Gegenstände nicht aufsammeln, würde es keiner tun, und der Strand wäre in nur wenigen Tagen total verdreckt», hatte die Frau mir damals erklärt. «Mein Strand wird sauber bleiben!»

Alles, was in der Ostsee schwimmt, wird früher oder später wieder ans Ufer kommen. Und alles, was wir in Deutschland hineinschmeißen, wird irgendwann im Baltikum angespült. Der Grund dafür ist denkbar einfach: Im Jahresmittel herrschen über der Ostsee West- oder Südwestwindlagen. Gerade im Herbst und im Winter brauen sich über dem Nordatlantik mächtige Winde zusammen, die über die Nordsee und weiter nach Osten ziehen. Und der Wind hat gleich dreifachen Einfluss: Er macht die Wellen. Er erzeugt die Oberflächenströmungen. Und er dirigiert ganz wesentlich die Drift aller Gegenstände, die im Meer treiben. Welch verlockende Vorstellung es doch wäre, dass sich das Blatt auch mal wenden könnte und es für – sagen wir mal – drei Jahre nur aus Osten weht. Dann könnten auch wir an den schönen deutschen Badestränden mal in den Genuss des intensiven Müllsammelns kommen.

Zwischen vier und zwölf Millionen Tonnen Plastikmüll landen jedes Jahr in den Weltmeeren. Vermutet man. Wie viel schon drin ist, weiß auch niemand. Jedes zehnte Sandkorn an britischen Stränden soll bereits kleingewaschenes Plastik sein. Zählen kann auch das keiner. Es sind Schätzungen. Mehr als zwei Drittel des Abfalls sinkt auf den Meeresboden, der Rest schwimmt oder wird angetrieben. Und es liegen nur wenige Studien vor. Eine, um genau zu sein. Sie ist aus dem Jahr 2007. 20 Müllteile auf 100 Meter Küste werden da als Durchschnitt genannt. Geschätzte 22 000 Kilometer Ufer hat die Ostsee mit ihren unzähligen Inseln und Buchten. Für Lettland wurden 111 Stücke Müll gezählt. In Finnland gibt es Gebiete mit 227 Fremdkörpern. An manchen Abschnitten der Ostsee sollen es 1000 Teile sein. Wer sich ein Bild davon machen will, was das für einen Strand bedeutet, kann ja mal nach einem Sturm an der lettischen Küste spazieren gehen.

Immerhin geht es der Ostsee besser als noch Mitte der siebziger Jahre, als sie als das schmutzigste Meer der Welt galt. Schwedische Metallhütten, polnische Stahlwerke, russische Müllkippen, finnische Papierfabriken, lettische Pharmafirmen und deutsche Kläranlagen entsorgten damals fleißig in das geschlossene Randmeer. Selbst Städte wie Kopenhagen, Lübeck oder Kiel verklappten noch bis weit in die Achtziger ihre ungeklärten Haushaltsabwässer gleich vor der Tür. Im Sommer wurde dann gebadet. Und bis heute hat sich an diesem Denken und Handeln nicht allzu viel geändert. Seeleute und Fischer, Segler und achtlose Fährtouristen machen weiter und werfen alles über Bord. Im Meer gehört der Müll dann allen. Oft verschlucken Seevögel rote Flaschenverschlüsse, weil sie einigen Krebsen ähnlich sind. Auch Styroporbrocken, Folienfetzen oder Plastikgranulat stehen auf dem Speiseplan, da die milchig weißen Kügelchen wie Fischeier aussehen. Das Plastik bleibt im Magen, und die Vögel sterben, weil sie irgendwann keine Nahrung mehr aufnehmen können. Auch die Jungen werden mit Plastik gefüttert. Sie verhungern bei vollem Magen im Nest. Oder sie machen ihre ersten Flugversuche und erhängen sich an Nylonfäden.

Eine Zeitung hat sich im Meerwasser nach etwa sechs Wochen aufgelöst. Eine Zigarettenkippe braucht ein bis fünf Jahre. Eine Bierdose 200 Jahre. Eine Plastikflasche 450 Jahre. Schätzt man. Das Plastik wird allerdings nicht abgebaut. Es ist nie ganz weg. Es wird nur kleiner und ist überall. Winzige Kunststoffstückchen, die die Wissenschaftler lange übersehen haben. Dafür werden sie nun überall entdeckt. In Flüssen, im Meer, in Fischen. Im Trinkwasser. 6000 Teilchen pro Liter. Ist das viel? Ist das wenig? Man weiß es nicht. Mikroplastik ist ein völlig neues Thema. Viele Fische schlucken es. Und damit auch der Mensch. Wir wissen aber nicht, wohin es sich im Körper bewegt und was es dort macht – nicht beim Fisch und nicht beim Menschen.

Als sich die Ozeane bildeten, gab es keine Menschen. Und es wird keine geben, lange bevor sie zu existieren aufhören. Mit Weitsicht oder Besonnenheit hat es jedenfalls nichts zu tun, dass wir unseren Müll derart ausblenden und glauben, schwarze, braune und gelbe Tonnen oder ein grüner Punkt wären die Lösungen aller Probleme. Fröhlich pfeifend stopfen wir weiterhin Verpackungen in gelbe Säcke; jeder von uns mehr als 220 Kilo im Jahr. Wir sind wahre Verpackungskünstler. Und bitte erinnern Sie sich an dieser Stelle auch an das bekannteste unbekannteste Kunstwerk Deutschlands: die Aldi-Tüte mit ihrem blau-weißen Diagonalmuster. Einst gestaltet von einem geometrisch-abstrakt arbeitenden Maler mit dem schönen Namen Günter Fruhtrunk. Als Anfangzwanziger habe ich mal eine prallgefüllte Aldi-Tüte am Strand von Sierksdorf in Schleswig-Holstein gefunden. Der Inhalt: mehr als zwanzig Dosen Bier. Was für ein Schatz!

Apropos Schatz: Folgendes habe ich vor einigen Sommern an der Ostsee belauscht – und ich schwöre, genau so hat es sich zugetragen:

Er: «Oh, die Plastiktüte weht davon! Na ja, die ist schon zu weit weg, die hol ich jetzt eh nicht mehr ein.»

Sie: «Macht nichts, Schatz! Und was ist mit den Flaschen? Nimmst du die mit?»

Er: «Ach nee, lass mal liegen! Ich hab grad keine Hand mehr frei. Die sammelt bestimmt jemand anderes ein.»

Sie: «Hast recht, Schatz, da ist ja auch Pfand drauf.»

Mülltagebuch

Was gefunden:

Wann:

Wo:

Was gefunden:

Wann:

Wo:

Was gefunden:

Wann:

Wo:

BERNSTEIN

Die Gräser auf den Dünen haben sich zitternd flachgelegt. Eine Wand aus schwarzen Wolken ist aufgezogen, erste Blitze zerreißen den Himmel. Das Meer ist schon seit Stunden zornig. Es zischt und schlägt mit mächtigen Wellen auf den Strand ein. An Tagen wie diesen, wenn der Mann ganz alleine hier an der Küste ist, ihm der Wind die Tränen in die Augen treibt und mit unsichtbarem Griff die Kapuze vom Kopf und beinahe die Brille von der Nase reißt, kann die Ostsee brüllend laut sein. Dann klingt ihr Toben, als zöge jemand einen riesigen Vorhang auf. Und das Rauschen wird den Mann noch bis in den Schlaf begleiten, so als hätten sich die Wogen direkt in seine Ohren gespült.

Seit dem frühen Morgen steht er in wasserdichter Ölkleidung in der Brandung. Das Meer zerrt an ihm. Wenn er nicht aufpasst, reißt es ihn um und nimmt ihn mit. Er hält einen langstieligen Kescher in den Händen und beobachtet die Wellen. Er sucht nach einem Blitzen auf den weißen Schaumkronen. Es ist ein goldgelbes Blinken, das nur für den Bruchteil einer Sekunde sichtbar wird, wenn die Gischt zerläuft. Verpasst er diesen Moment, ist es zu spät, und das Wasser verschluckt die kleinen Schätze wieder, dann vielleicht für immer.

Seit Jahrhunderten suchen die Menschen der Ostsee nach Bernstein, einst war er die wichtigste Handelsware des Baltikums überhaupt. Honiggelbe, rotbraune, aber auch durchsichtige, weiße und blaue, grüne, schwarze oder rote Brocken – Steine, die so leicht sind, dass sie im Salzwasser schwimmen, die süßlich harzig nach Weihrauch duften, wenn man sie anzündet. Ja, sie können brennen, diese seltsamen Schätze, die so schön sind, dass man sich heute noch erzählt, sie seien als Tränen aus den Augen der Götter auf die Erde getropft.

Tatsächlich sind es fossile Harze, die vor mehr als 35 Millionen – wahrscheinlich sogar 50 Millionen – Jahren von mächtigen Kiefern, Palmen und Eichen tropften. Ein Urwald, der sich vom heutigen Skandinavien bis dorthin zog, wo heute die Ostsee liegt. Das Meer überflutete den Wald, drückte ihn zu Boden, wusch weiter das Harz aus den Stämmen heraus und trug es mit sich. Es dauerte Millionen Jahre, bis es sich auf dem Meeresgrund verhärtete.

Heute wird der Bernstein, der zu 78 Prozent aus Kohlenstoff sowie aus Sauerstoff, Wasserstoff und etwas Schwefel besteht, als festes, farbenstarkes, glatt geschliffenes Bröckchen und selten auch als faustgroßer Klumpen angeschwemmt. Der sehr viel billigere Erdbernstein, der auf der Halbinsel Samland beim heutigen Kaliningrad oder in der Ukraine tonnenweise im Tagebau gefördert wird, wirkt dagegen unansehnlich, braun und porös.

Felder, die bis zum Horizont reichen. Viel Wald. Rügen ist so groß, man merkt nicht unbedingt, dass man auf einer Insel ist. Wäre da nicht der Wind, der ständig von irgendwo stürmt

oder säuselt. «Und der Wind ist wichtig», sagt der Bernsteinfischer, der in Sassnitz, direkt an der Ostsee, lebt, «er ist mein
Assistent.» Im Winter ist er jeden Tag am Strand. Er steht auf,
trinkt Kaffee und geht los. Über Sturm freut er sich. Am besten
aus Ost, Windstärke zehn und mehr. Dann macht er sich auch
schon mal nachts auf den Weg, die Taschenlampe in der Hand.
Immer den Strand entlang. Denn Sturm ist Bernsteinwetter.

Gerade im Herbst und Winter macht er immer wieder Beute,
da das Wasser dann kälter ist, eine größere Dichte hat und den
Bernstein leichter transportiert. Der Grund des Meeres wird
aufgewühlt, die schwere See reißt Tang und Gras vom Boden
los. In den Pflanzen schweben die Harzbrocken und werden
an die Küste getragen, meist zehn bis fünfzehn Meter vor den
Strand. Und dort versucht der Mann, die Wellen zu überlisten.
Mal stemmt er sich mit seinem Kescher gegen die Fluten, mal
dreht er das engmaschige Netz mit einer schnellen Bewegung
aus dem Handgelenk durch den Kamm der Welle. Dann watet
er zurück an den Strand, entleert die Maschen auf dem Sand
und durchsucht seinen Fang. Algen, Steine und Müll, Muscheln
und kleinere Fische, selten auch mal etwas Bernstein. Die größeren Exemplare fingert er noch im Wasser aus dem Kescher
und steckt sie sich wie übergroße Honigbonbons in den Mund.
Oder er lässt sie in den tiefen Stoffbeutel gleiten, der an seiner Hüfte baumelt. Dort sind sie sicher vor der nächsten Welle.
Rund zehn Kilo fischt er im Jahr. Und immer wieder läuft er
zusätzlich die Küstenlinie der Insel ab. Auf seinen etwa 1000
Kilometern Fußmarsch im Jahr sammelt er ein weiteres Kilo.
Ein Gramm pro Kilometer. «Das ist wie Goldfieber», sagt er,

«den Bernstein, den ich finde, hat vor mir noch nie ein Mensch in den Händen gehalten.»

Heute ist ein guter Tag, um zu gucken, was die Wellen alles mitgebracht und vorne auf den schmalen Streifen Sand unterhalb der Kreidefelsen geworfen haben. Die Nacht über hat ein Orkan getobt. Noch jetzt bläst es mit Stärke sieben bis acht aus Osten. Oben stehen Häuser, die nicht mehr bewohnt werden können, da die Abbruchkante längst an den Gartenzaun reicht. Unten stapfen Schatzsucher schon in der Dämmerung mit Taschenlampen umher, um den Spülsaum der Morgenflut abzusuchen. Die vielen Fußspuren verraten, dass andere vor ihm da gewesen sind und so manches vielleicht schon mitgenommen haben. Dennoch hat er Spaß daran, mit kommissarischem Spürsinn die Gegenstände zu begutachten, die das Meer ständig anspült. Meist geht er gebückt durchs Leben. Er muss die Dinge aufheben, mit seinen Fingern berühren. Und nichts ist ihm zu unwichtig. Grünes, blaues oder weißes Seeglas zum Beispiel, vom rhythmischen Wellenschlag geschliffene Scherben, die nun wie Edelsteine aussehen. Oder Reste von Vögeln, Knochen und Federn. An diesem Morgen sind nur Grüße aus dem Osten dabei: drei leere Wodkaflaschen mit russischem Etikett.

Der Bernstein hat ihn zum Künstler gemacht. Doch nicht alle seine Funde verarbeitet der Mann aus Sassnitz in seiner kleinen Werkstatt und verkauft sie weiter als Schmuckstücke. Denn Bernstein gilt nicht nur als kostbar, sondern auch als rare Köstlichkeit. Schon seine Großmutter hatte immer eine Dose mit den weniger ansehnlichen Bröckchen in ihrer Küche stehen

und rieb davon gelegentlich etwas ins Essen. «Bernstein macht gesund», sagte sie immer. Ob das wirklich so ist? Er weiß es nicht. Aber auch er raspelt manchmal das goldgelbe Harz in Saucen, wenn er Reh oder Wildschwein zubereitet. Es verleiht den Speisen eine leicht bittere, ätherische Note. Und wenn er es zum Holz in seinen Räucherofen legt, bekommt das Fleisch ein erdiges, fast süßliches Aroma.

Übrigens: Bernstein ist auch trinkbar. Der Fischer setzt ihn als Schnaps an. «Eine Flasche Wodka, eine Handvoll Bernstein und Millionen Jahre Aroma.» Er lächelt jetzt. Seine cognacfarbene Mischung sei gut gegen alle Wehwehchen. Der Rohbernstein wird im Alkohol ständig angelöst und gibt dabei harzige und ätherische Substanzen ab. Den Hochprozentigen trinkt er bei Magen- oder Darmbeschwerden. Und bei Rheuma wurde

früher eine Bernsteintinktur äußerlich angewendet, als ge-
tränkter Umschlag. Bernsteinpulver wurde Salben, Ölen und
Cremes beigemischt, die bei Allergien und Akne desinfizierend
wirken sollten.

Dass der Mensch bewusst Baumharz zu sich nimmt, zum
Kochen verwendet und damit räuchert und aromatisiert, be-
gann übrigens mit einem Kaugummi – dem bis heute ältesten
der Welt. Der Archäologe Bengt Nordqvist fand ihn in den Res-
ten einer 9000 Jahre alten Siedlung in Südschweden zwischen
Knochen, Äxten und Nüssen. Deutlich sichtbare Zahnabdrücke
auf dem Klumpen und eine Untersuchung in einem chemi-
schen Labor brachten das Ergebnis: Unsere Vorfahren kauten
Birkenharz. Interessanterweise enthält dieses Harz eine chemi-
sche Verbindung, die Bakterien abtötet. Der schwedische Forscher hält es daher für möglich, dass die Menschen der Mittel-
steinzeit die desinfizierende Wirkung bereits kannten und das
Birkenharz als medizinischen Kaugummi einsetzten.

Früher wurde mehr Bernstein gefunden. Die Schätze der
Ostsee sind rar geworden. Vielleicht liegt das aber auch daran,
dass mehr Menschen suchen. Immer wieder sammeln unwis-
sende Urlauber allerdings auch täuschend ähnlich aussehende
Klumpen, die sehr gefährlich werden können. Im Zweiten
Weltkrieg wurden allein über der Ostsee schätzungsweise 4000
mit Phosphor gefüllte Brandbomben abgeworfen. Viele britische Sprengkörper verfehlten ihr Ziel und landeten im Meer.
Einige detonierten, andere nicht – alle gingen unter. Kurz vor
Kriegsende versenkten die Nazis dann auch noch ihre Waffen-
bestände, damit sie den Alliierten nicht in die Hände fielen.

Experten vermuten, dass 150 000 Tonnen Kampfstoffe in der Nordsee und rund 65 000 Tonnen in der Ostsee landeten. Und vermutlich tritt aus den verrosteten Sprengkörpern noch immer Phosphor aus.

Wer Phosphor aufhebt und einsteckt, ist in Lebensgefahr: Wenn er trocknet, verbindet er sich mit Sauerstoff und entzündet sich bei über 20 Grad Celsius selbst. Er brennt bei einer Stichflamme von bis zu 1300 Grad. Wer einen solchen Klumpen in der Hosentasche oder in der Jacke trägt, hat keine Chance. Die Flammen sind nur mit Sand oder besonderen Feuerlöschern zu bekämpfen, Wasser ist wirkungslos. Doch nicht nur Phosphor, auch Brocken von Schießwolle, einem Marinesprengstoff, der in Torpedos und Seeminen verbaut wurde, können leicht mit natürlichen Mineralien verwechselt werden und sind im wahrsten Sinne brandgefährlich. Dazu ein letzter Tipp vom Bernsteinfischer: Nehmen Sie eine verschließbare Dose aus Metall mit an den Strand und lassen Sie Ihre vermeintlichen Bernsteinfunde von einem Experten beurteilen.

ZEIT

Es gab mal eine Zeit, da wollte ich Postbote werden. Mein Vater war bei der Post. Viele Jahre. Eigentlich Jahrzehnte. Und ich war oft zu Besuch, durfte am Schalter sitzen und Briefe oder Ansichtskarten stempeln. Früher gab es auch mehr echte Post. Man bekam noch von Hand verfasste Briefe. Schrieb man selber, musste man warten, bis die Tinte getrocknet war. Erst dann konnte man das Blatt falten und in den Umschlag stecken. Es war eine ruhigere Zeit. Heute bringt der Zusteller meist knallbunte Werbesendungen. Und dann freut man sich wie ein Kind, wenn doch mal eine Karte mit Urlaubsgrüßen aus Havanna oder Haithabu dabei ist. Das sind echte Highlights auf 10,5 mal 14,8 Zentimetern Schreibfläche. Ein begrenzter Platz für schöne Worte. Die Motive als Projektionsfläche für Sehnsüchte und Fernweh. Postkarten sind rettende Inseln zwischen Rechnungen und Mahnungen vom Finanzamt. Rund 155 Millionen wurden im Jahr 2018 nach, aus und innerhalb von Deutschland verschickt. Und vielleicht ist die herrlich unaufgeregte, analoge Postkarte – neben der Flaschenpost – sogar eines der letzten großen Abenteuer in unserer digital verrutschten Zeit. Zwinker-Smiley, Partytröten-Emoticon, Hashtag Post-Moderne.

Wann aber schreibt man eigentlich Postkarten? Ich denke, Sie wissen es: Wenn man nichts anderes zu tun hat. In den Ferien. Und das Schöne an einem Strandurlaub ist ja, dass er so herrlich unaufgeregt sein kann, ja fast schon langweilig. In der Sonne liegen. Eincremen. Baden. Wieder in der Sonne liegen. Dann wieder baden. Dann noch mal eincremen. Wer will ein Eis? Stundenlang geht das so. Ein Tag im Zeichen der Schildkröte. Alles ganz träge. Wie in Zeitlupe. Am Strand hat man plötzlich sehr viel mehr Zeit als sonst, weiß aber nichts damit anzufangen. Man macht sogar Dinge, die man sonst eher seltener tut: eine Sandburg bauen, obwohl keine Kinder dabei sind. Ein Buch lesen. Oder eben Postkarten schreiben. Kostbare Augenblicke der Unbekümmertheit sind das, des Losgelöstseins von der Schwere der täglichen Aufgabe. Handy aus, Mensch an.

Und manchmal macht man sich dann auch schräge Gedanken über Dinge, an die man sonst lieber nicht denken mag, die man besser links liegen lässt. Das letzte Mal am Strand grübelte ich ernsthaft darüber nach, welches wohl das letzte Wort ist, das ich in meinem Leben laut aussprechen werde. Sofort erinnerte ich mich an brenzlige Situationen im Straßenverkehr, in denen es äußerst knapp gewesen war: «Scheiße!» Oder an Momente, in denen ich von irgendwas oder irgendwem zu Tode erschreckt wurde: «Alter!» Nicht dass ich mir derartige Ausdrücke für meinen Abgang wünschen würde; aber was Menschen in aussichtslosen Schreckmomenten so ausrufen, ist ja nie gewollt oder geplant, sondern gelernt. Es verrät viel über einen selbst. Oder auch nicht.

Ich kenne eine Frau, die allen Ernstes «Hoppala Hoppsi!!»
ruft, wenn sie urplötzlich in Not gerät. Stellen Sie sich das bitte
mal vor: «Hoppala Hoppsi!!!» Und das war es dann. Was für ein
Abschied! Was für ein Abgesang! Welch wunderbarer Augenblick des Kontrollverlustes. Holla die Waldfee!

Ähnlich wie beim Niesen übrigens, das man ja auch nicht
steuern kann: Was für ein befreiendes Gefühl diese Explosion
in der Nase doch ist. Für den Bruchteil einer Sekunde gerät man
völlig außer Kontrolle. Wobei wir auch wieder beim Thema wären: dem Sich-Verlieren. Dazu mal eine Frage: Wann haben Sie
sich das letzte Mal verlaufen? Wann wussten Sie in Ihrem Leben
nicht mehr so genau, wo Sie überhaupt waren? Sicher schon etwas länger her, oder? Im Wald plötzlich ganz alleine – gruselig,
aber auch schön. Vielleicht sogar ein gutes Gefühl. Das passiert
ja nicht so oft im Leben. In unserer heutigen Zeit, in der man
sich ständig selber unter der Lupe betrachtet und hinterfragt,
in der man Termine eineinhalb Jahre im Voraus vereinbart und
jeder bereitwillig preisgibt, wo er oder sie gerade unterwegs ist,
da man es ständig selber bei Instagram oder in irgendwelchen
Gruppen postet, ist das Sich-Verlieren eher ungewöhnlich geworden. Denn die Kontrolle abzugeben, bedeutet ja vor allem
eines: Schwäche zeigen.

Doch gerade am Strand, wo das Verlaufen eher schwierig ist,
will man Schwäche und Mut zur Muße haben. Man taucht ein
in einen anderen Zeit-Raum. Man verlässt die Produktivitäts-
ebene, wird zeitlos und faul. Denn nur der aktive Mensch gilt
als produktiv. Wir sind auf Arbeit und Aktivität erzogen. Am
Strand aber lässt es sich ganz hervorragend in Gedanken ver-

laufen. Dort passiert etwas, das Zeitforscher den «Gedächtnis-
effekt der Zeitwahrnehmung» nennen. Wer eine Woche lang –
ohne viel Abwechslung – immer zum selben Strand geht, tritt
in einen Gewöhnungseffekt ein: Die Ereignisse an den verschiedenen Tagen können gar nicht mehr auseinandergehalten
werden. Rückblickend verging die Zeit dann viel schneller, weil
nicht viel im Gedächtnis behalten wurde. Oder anders: Wenn
man viel zu tun hat, vergeht die Zeit schneller, in dem Moment,
da man es erlebt. Und wenn nichts passiert, vergeht sie langsa-
mer. In der Erinnerung ist es aber umgekehrt: Wenn der Urlaub
nicht mit Aktivitäten zugestopft ist, dann schrumpft die Zeit im
Rückblick sehr stark zusammen, weil ich mir nur merke, wenn
etwas passiert ist.

Wissenschaftler haben gemessen, dass die Gegenwart bei
jedem Menschen etwa drei Sekunden dauert. So lange konzen-
triert sich das Gehirn auf etwas, ehe es sich Neuem zuwendet.
Danach setzt das Gedächtnis ein, und man erinnert sich an Ver-
gangenes. Das gewissenhafte Nichtstun am Strand kann groß-
artig sein, da man glaubt, dass sich die Gegenwart noch weiter
ausdehnt. In den Himmel blinzeln, sich treiben lassen und sich
selbst spüren. Im Urlaub werden wir zu Aussteigern auf Zeit.
Alles, was wir tun könnten, tun wir nicht – was sich auch ein
Stück weit genießen lässt. Zu viel Zeit und zu wenig zu tun ist
aber auch nicht gut. Denn dann kommt die Langeweile.

Und die Langeweile kann zur Qual werden, am schnellsten
bei dem, der das Nichtstun verlernt hat. Das gilt mehr oder weniger für die meisten von uns. Leer- oder Wartezeiten werden
zur Bedrohung, und wenn die S-Bahn Verspätung hat, holen

wir flugs das Smartphone raus, um auch ja keine Minute zu verschwenden. Viele packen sich auch den Urlaub voll mit Aktivitäten und Terminen, sonst würden sie ja merken, wie schlecht sie mit der eigenen Gesellschaft klarkommen. Eine Flucht vor sich selbst durch Aktivität. Eine Flucht vor der Langeweile. Am Strand, mitten im Sand, dagegen lernen die meisten Menschen, dieser Sicht zumindest auf Zeit zu entkommen. Möwen, die auf den Wellen treiben, müssen ja auch nicht immer etwas zu tun haben. Dazu passend der schöne Satz von Voltaire: «Wenn Affen sich langweilen, werden sie Menschen.»

Zu guter Letzt noch ein einfacher Anhaltspunkt, woran jeder merkt, dass er oder sie wirklich im Urlaub – aber mal so richtig – angekommen ist: wenn man nicht mehr weiß, welcher Tag gerade ist.

Ideen für die eigene Zeit

....

ANHANG

Zitatnachweise

Seite 74 f. Deichkind, *Hauptsache nichts mit Menschen*, Text von
   Sascha Reimann, Horst Oliver Kleinfeld, Philipp Gruetering,
   Sebastian Duerre

Seite 83 Susanne Wedlich, *Das Buch vom Schleim*, Berlin 2019

Seite 99 Charles Darwin, zit. n. *Spektrum – Die Woche*, 28. 03. 2007

Seite 114 Leonardo da Vinci, zit. n. Walter Isaacson, *Leonardo da
   Vinci. Die Biographie*, Berlin 2018

Seite 114 John Wilkinson, zit. n. Manfred Sack, *Alltagssachen*,
   DIE ZEIT, 14.02.1992

Weiterführende Literatur

Jennifer Timrott, Strandgut aus Plastik und anderer Meeresmüll, Kiel 2015

Olaf Breidbach, Ernst Haeckel: Kunstformen der Natur – Kunstformen aus dem Meer, München 2012

Lisa-Ann Gershwin, Jellyfish: A Natural History, Chicago 2016

Rolf Reinicke, Funde am Ostseestrand, Ribnitz-Damgarten 2011

Andrea Gentile, Wie kommt der Sand an den Strand? Wissenschaft unter dem Sonnenschirm, München 2017

Oliver Lück, Flaschenpostgeschichten. Von Menschen, ihren Briefen und der Ostsee, Reinbek 2016

Ulrike Berger, Die Sand-Werkstatt: Spannende Experimente mit Sand und Wasser, Freiburg 2008

Frank Rudolph, Das große Buch der Strandsteine. Die 300 häufigsten Steine an Nord- und Ostsee, Kiel 2017

Vollrath Wiese und Klaus Janke, Die Meeresschnecken und -muscheln Deutschlands: Finden – Erkennen – Bestimmen, Wiebelsheim 2020

Rolf Reinicke, Steine am Ostseestrand, Ribnitz-Damgarten 2013

Esther Gonstalla, Das Ozeanbuch: Über die Bedrohung der Meere, München 2017

Der Autor

Oliver Lück, Jahrgang 1973, ist Journalist und Fotograf. Er lebt im Land zwischen den Meeren, in Schleswig-Holstein. Seit 1996 reist er auf der Suche nach Menschen und ihren Geschichten im VW-Bus durch Europa. 2012 erschien sein Buch *Neues vom Nachbarn – 26 Länder, 26 Menschen*. 2016 folgte *Flaschenpostgeschichten. Von Menschen, ihren Briefen und der Ostsee*, 2018 dann *Buntland – 16 Menschen, 16 Geschichten*. *Zeit als Ziel – Seit 20 Jahren im Bulli durch Europa*, ein Bildband mit Kurzgeschichten, erschien 2019.
www.lueckundlocke.de

Die Illustratorin

Lena Steffinger hat im Süden Psychologie studiert und ist für ein anschließendes Illustrationsstudium in den Norden gezogen. Jetzt lebt und arbeitet sie als Illustratorin und Autorin von Bilderbüchern und Comics in Hamburg.
www.lenasteffinger.de